Wissenschaftliche Taschenbücher WTB

Biologie

Gerhard Hübner
Klaus Jung
Eckart Winkler

Die Rolle des Wassers in biologischen Systemen

Akademie-Verlag · Berlin
Pergamon Press · Oxford
Vieweg + Sohn · Braunschweig

WTB Wissenschaftliche Taschenbücher

D. TER HAAR
Quantentheorie. Einführung und Originaltexte

J. H. SANDERS
Die Lichtgeschwindigkeit. Einführung und Originaltexte

JEAN KUNTZMANN
Unendliche Reihen
Mathematische Hilfsmittel der Physik und Chemie
Mit 94 Übungen und 29 Aufgaben

JEAN KUNTZMANN
Systeme von Differentialgleichungen
Mathematische Hilfsmittel der Physik und Chemie
Mit 88 Übungen und 40 Aufgaben

JEAN KUNTZMANN
Komplexe Veränderliche
Mathematische Hilfsmittel der Physik und Chemie
Mit 90 Übungen und 37 Aufgaben

FERDINAND CAP
Einführung in die Plasmaphysik
I. Theoretische Grundlagen
— insgesamt 3 Bände —

A. ROSANOW
Wahrscheinlichkeitstheorie

HARRY PFEIFER
Theorie linearer Bauelemente
Elektronik für den Physiker I

HARRY PFEIFER
Die Elektronenröhre
Elektronik für den Physiker II

HARRY PFEIFER
Schaltungen mit Elektronenröhren
Elektronik für den Physiker III

GERHARD HÜBNER / KLAUS JUNG / ECKART WINKLER
Die Rolle des Wassers in biologischen Systemen

Vorschau auf die nächsten Bände:

STEPHEN G. BRUSH
Kinetische Theorie, Teil I und II
Einführung und Originaltexte

HARRY PFEIFER
Leitungen und Antennen
Elektronik für den Physiker IV

HARRY PFEIFER
Mikrowellenelektronik
Elektronik für den Physiker V

HARRY PFEIFER
Halbleiterelektronik
Elektronik für den Physiker VI

PETER KRUMBIEGEL
Isotopieeffekte

WTB

BAND 78

Gerhard Hübner
Klaus Jung
Eckart Winkler

Die Rolle des Wassers in biologischen Systemen

Mit 3 Tabellen und 26 Abbildungen

AKADEMIE-VERLAG · BERLIN

PERGAMON PRESS · OXFORD

VIEWEG + SOHN · BRAUNSCHWEIG

Reihe BIOLOGIE

Herausgeber:
Prof. Dr. H. Borriss, Greifswald
Prof. Dr. E. Hofmann, Leipzig
Prof. Dr. J. O. Hüsing, Halle
Prof. Dr. M. Klinkowski, Aschersleben
Prof. Dr. W. Schwartz, Hamburg

Verantwortlicher Herausgeber dieses Bandes
Prof. Dr. H. Borriss

Verfasser
Dr. habil. Gerhard Hübner
Dr. Klaus Jung
Dipl.-Phys. Eckart Winkler
Leipzig

ISBN 3 528 0 6078 6

1970

Lizenznummer: 202 · 100/469/70
Herstellung: VEB Druckhaus „Maxim Gorki", 74 Altenburg
Bestellnummer: Akademie-Verlag 7078 · 761 380 8
Pergamon Press 08 0175 74 0
Vieweg + Sohn 6078
Printed in German Democratic Republik

Inhalt

1. Die Struktur des Wassers

1.1. Vorbemerkungen

Die Untersuchung der Rolle des Wassers in biologischen Systemen zeigt, daß das Wasser nicht nur eine bloße Füllsubstanz oder ein Lösungsmittel, sondern vielmehr sehr wichtig für die Bildung von Strukturen und für den Ablauf von Reaktionen ist. Wegen der Komplexität biologischer Objekte ist seine Bedeutung jedoch im einzelnen noch sehr unklar. Darüber hinaus besteht nicht einmal für die Struktur des reinen Wassers eine allgemein anerkannte Theorie, die alle experimentellen Daten richtig wiedergibt. Dadurch wird die Deutung des Einflusses gelöster Teilchen oder spezifischer Gruppen an der Oberfläche von Makromolekülen auf die Wasserstruktur und erst recht die Deutung der Wechselwirkungen in komplizierten biologischen Systemen schwierig. Fortschritte sind in der nächsten Zeit nur durch Untersuchungen an einfachen Systemen zu erwarten, und es ist deshalb für den Biologen, der z. B. die Bedeutung des Wassers in der Zelle oder Fragen des Wassertransports untersucht, sinnvoll, sich mit den physikalischen und physikochemischen Grundtatsachen zu befassen, da sonst vieles unklar bleiben muß.

Das in den Kapiteln 1 bis 3 behandelte Gebiet ist in den letzten 10 Jahren Gegenstand sehr vieler Untersuchungen gewesen, und es konnte bei weitem nicht alle Literatur berücksichtigt werden. Diese Zusammenfassung kann deshalb das Studium von Originalarbeiten oder größeren Übersichtsartikeln nicht ersetzen, sondern soll zu diesen hinführen. Zur Struktur des Wassers bzw. wäßriger Lösungen existieren an deutschsprachiger Literatur vor allem der Aufsatz von WICKE [1] (als Einführung zu empfehlen), der von LUCK [2] sowie das Buch von SAMOILOV [3]. Weiterhin werden die meisten hier behandelten Gebiete von BERENDSEN [4] und vor allem von KAVANAU [5] ausführlich dargestellt. Schließlich ist auf die Ausführungen mehrerer Konferenzen hinzuweisen [6], [7], [8], [9].

1.2. *Das Wassermolekül*

Ausgangspunkt für Modellvorstellungen müssen die geometrische Struktur und die Ladungsverteilung des H_2O-Einzelmoleküls sein. Die Ladungsverteilung kann durch ein näherungsweise tetraedrisches 4-Punkte-Modell wiedergegeben werden. Bei H_2O-Molekülen im Dampfzustand, also ohne Wechselwirkung mit Nachbarn, beträgt der Valenzwinkel (d. h. der Winkel zwischen den O—H-Bindungen) 104,5°, der O—H-Abstand 0,96 Å und das elektrische Dipolmoment 1,84 D [1], [3].

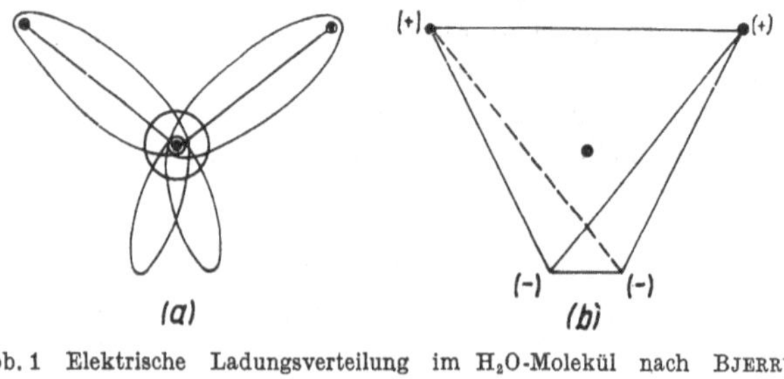

Abb. 1 Elektrische Ladungsverteilung im H_2O-Molekül nach BJERRUM. *a*) Elektronenverteilung um das Kerngerüst; *b*) Tetraedermodell des H_2O-Moleküls

1.3. *Wasserstoffbrückenbindungen*

Grundlegend für die Eigenschaften des Wassers ist die Tatsache, daß es neben einigen wenigen anderen Flüssigkeiten in der Lage ist, über Wasserstoffbrückenbindungen (im folgenden kurz H-Bindungen genannt) Molekülaggregate zu bilden. Eine völlig befriedigende Theorie der H-Bindung existiert noch nicht. — Die H-Bindung beruht auf den elektrostatischen Anziehungskräften zwischen einem Proton (Wasserstoffkern) und der Hülle eines elektronegativen Atoms, mit dem dieses nicht kovalent verbunden ist. Das Proton hat also die Koordinationszahl 2.

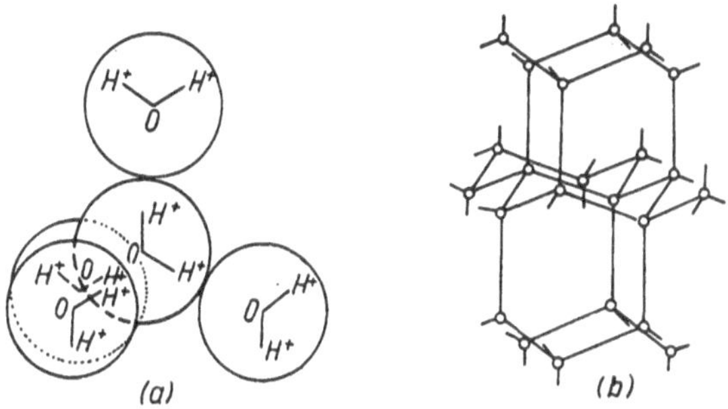

Abb. 2 Viererkoordination der H_2O-Moleküle mit tetraedrischen Wasserstoffbrücken (*a*) und Anordnung der Sauerstoffatome in der Eisstruktur (*b*) nach Samoilov

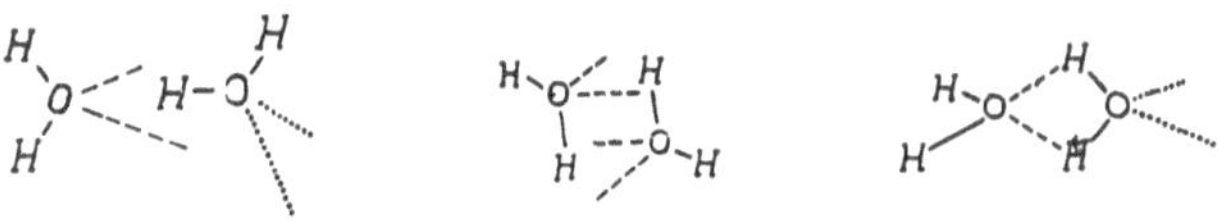

Abb. 3 Typen nichttetraedrischer Wasserstoffbrücken nach Wicke

Beschreibt man die H-Bindung allgemein durch $X—H \cdots Y$, so muß Y ein stark negatives, kleines Ion sein, z. B. F, O, N. Die Stärke der H-Bindung wird von der Polarität der $X—$H-Gruppe abhängen. Aus der Betrachtung der Ladungsverteilung geht hervor, daß theoretisch die H-Bindung am stärksten ist, wenn die Partner $X—$H und Y auf einer Geraden liegen [10].

Das Wassermolekül hat 2 positive und 2 negative Zentren (Abb. 1) und kann dadurch mit Nachbarmolekülen 4 H-Bindungen eingehen und Raumnetze bilden (Abb. 2).

Im Eis (Eis I) und sehr wahrscheinlich auch in Teilen des flüssigen Wassers ist jedes H_2O-Molekül mit 4 anderen Wassermolekülen verbunden, also über jede H-Bindung mit einem anderen (sog. tetraedrischer Bindungstyp).

Im Gegensatz hierzu gibt es auch Bindungstypen, bei denen jeweils beide negativen Ladungsschwerpunkte eines H_2O-Moleküls für die Bindung eines Nachbarmoleküls beansprucht werden („nichttetraedrische" Bindung), siehe Abbildung 3. Die maximal mögliche Zahl von H-Brücken wird dadurch zwar geringer, doch läßt sich so eine größere Packungsdichte erreichen [1].

Über die Bedeutung der H-Bindungen für Chemie und Biochemie informieren die Aufsätze von Luck [10], [11].

1.4. Die Struktur des Eises

Insgesamt sind 7 Modifikationen des Eises bekannt, die sich in ihrer Kristallstruktur und in dem jeweiligen Druck- und Temperaturbereich, in welchem sie existieren, unterscheiden [5], [12]. Wie bereits erwähnt, erfolgt die Assoziation von H_2O-Molekülen im Eis über Wasserstoffbrücken. Auf diese Weise entsteht die tetraedrische Anordnung der Sauerstoffatome im gewöhnlichen hexagonalen Eis (Eis I), die dem Silizium-Teilgitter im β-Tridymit entspricht. Die kleine Koordinationszahl 4 bedingt die Sperrigkeit der Eisstruktur mit ihren großen käfigartigen Hohlräumen. Der Abstand benachbarter, durch eine Wasserstoffbrücke verbundener Sauerstoffatome beträgt 2,76 Å; der O—H-Abstand ist mit 0,99 Å etwas größer als bei isolierten Wassermolekülen in der Gasphase. Der Valenzwinkel (H—O—H) liegt möglicherweise zwischen dem Wert für freie Moleküle (104,5°) und dem Tetraederwinkel 109,5° (O···O···O); die Wasserstoffbrücken sind dann schwach gekrümmt [1]. (Nach Luck [10] und Samoilov [3] liegen die H-Atome jedoch auf der O—O-Verbindungslinie). Ein Teil der anderen Modifikationen spielt in der Literatur bei der Diskussion der Struktur des flüssigen Wassers und der sogenannten „Eisberg“-Bildung um unpolare Teilchen bzw. Gruppen eine Rolle.

1.5. Eigenschaften des flüssigen Wassers

Zum besseren Verständnis des Abschnittes über die Strukturmodelle ist es nötig, auf die experimentell ermittelten Eigenschaften des Wassers sowie auf einige wichtige Untersuchungsmethoden einzugehen. In Tabelle 1 werden die wichtigsten Daten für H_2O und D_2O angegeben [136], [13], [14].

Zusätzlich zu den unten angeführten „Anomalien“ berichtet Drost-Hansen [15], [16] von Phasenübergängen höherer Ordnung (d. h. von Unstetigkeiten in der Temperaturabhängigkeit einiger Größen), die vor allem bei den Temperaturen 15, 30, 45 und 60 °C auftreten sollen und die von den Strukturmodellen erklärt werden müßten. Diese „kinks“ sollen auch für biologische Prozesse Bedeutung haben. Allerdings wurde ihre Existenz in der letzten Zeit u. a. von Falk [17], Hamann [18] und Bowen [19] stark bezweifelt.

Schmelz- und Siedepunkt liegen bei normalem Luftdruck bei 0 bzw. 100 °C. Diese Werte sind wesentlich höher, als auf Grund der Molekülgröße und des Molekulargewichts zu erwarten wäre. Das gleiche gilt für die kritischen Daten.

Die meisten Flüssigkeiten zeigen beim Schmelzen Volumenvergrößerung und dann mit wachsender Temperatur einen monotonen Abfall der Dichte. Im Wasser geschieht beim Schmelzen ein negativer Volumensprung: flüssiges Wasser hat bei 0 °C ein um 10% geringeres Volumen als Eis. Bis 4 °C erfolgt ein weiterer Anstieg der Dichte und dann erst ein monotoner Abfall.

Die spezifische Wärme ist abnorm hoch gegenüber der anderer Flüssigkeiten und doppelt so hoch wie die des Eises (18 cal/mol · grd gegenüber 9 cal/mol · grd). Dies

Tabelle 1: Physikalische Konstanten des gewöhnlichen Wassers ($H_2{}^{16}O$)*) und des schweren Wassers

	H_2O	D_2O	Einheit
Dichte bei 20 °C	0,9982	1,1059	g/ml
Maximale Dichte bei	3,98	11,23	°C
Molekulargewicht	18,015	20,028	–
Gefrierpunkt bei 760 Torr	0,00	3,81	°C
Tripelpunkt	0,01	3,82	°C
Siedepunkt bei 760 Torr	100,00	101,42	°C
kritische Temperatur	374,2	371,5	°C
kritischer Druck	218,5	218,6	atm
molare Schmelzenthalpie	1,436	1,510	kcal/mol
Wärmekapazität bei 20 °C	18,02	20,18	cal/mol. grd
Oberflächenspannung bei 25 °C	71,97	71,93	dyn/cm
Viskosität bei 20 °C	10,09 10^{-3}	12,6 10^{-3}	P
Brechungsindex	1,333	1,328	–
Löslichkeit von NaCl bei 25 °C	359	305	g/kg Wasser
Ionenprodukt bei 25 °C	10^{-14}	0,16 10^{-14}	$(mol/l)^2$
Dielektrizitätskonstante bei 25 °C	78,54	78,15	–
Dipolmoment, gemessen im Dampf bei 100···200 °C	1,84	1,84	D
Schallgeschwindigkeit bei 25 °C	1496	1398	m/sec

*) Infolge der geringen relativen Häufigkeiten der schweren Isotope D (0,0148 at-%), ^{17}O (0,036 at-%) und ^{18}O (0,199 at-%) im natürlichen Wasser gelten für dieses nahezu die gleichen Werte wie für $H_2{}^{16}O$.

wird als „verschleppter Restbeitrag" zur Schmelzwärme (Schmelzenthalpie) gedeutet, d. h. es ist ein Hinweis dafür, daß am Schmelzpunkt nur ein Teil der H-Bindungen des Eises zerstört wird. Die Frage, welcher Anteil intakt bleibt, wird von den einzelnen Strukturmodellen unterschiedlich beantwortet.

Für die Verdampfungsentropie des Wassers gilt nicht die Regel von TROUTON, die besagt, daß die Verdampfungsentropie für Flüssigkeiten beim normalen Siedepunkt etwa 21 cal/grd beträgt. Eine mögliche Schlußfolgerung daraus ist, daß Wasser als Flüssigkeit in einem assoziierten Zustand vorliegt.

Die Wärmeleitfähigkeit des Wassers bei Zimmertemperatur ist etwa viermal so groß wie diejenige „gewöhnlicher" Flüssigkeiten bei gleicher Temperatur. Sie verhält sich auch insofern anormal, als sie für Temperaturen unter 100 °C mit zunehmender Temperatur anwächst.

Im Temperaturintervall von 0 °C bis ca. 45 °C wächst mit zunehmendem Druck der thermische Ausdehnungskoeffizient, während i. a. zunehmender Druck zu einer Verringerung des thermischen Ausdehnungskoeffizienten führt. Entsprechend verringert sich in diesem Temperaturintervall die Kompressibilität mit wachsender Temperatur.

Die Viskosität fällt wie erwartet monoton mit wachsender Temperatur. Während jedoch die meisten anderen Flüssigkeiten mit wachsendem Druck viskoser werden, sinkt bei Wasser bis zu einem Druck von 100 atm zunächst die Viskosität, um dann wieder zu steigen. Dieses Verhalten zeigt sich nur bei Temperaturen unter 35 °C.

Die Oberflächenspannung des Wassers ist höher als bei allen anderen Flüssigkeiten außer Quecksilber.

1.6. Spezielle Methoden zur Untersuchung der Wasserstruktur

Dielektrische Daten sind z. T. als Grundlage für Strukturmodelle benutzt worden. Eis hat eine Dielektrizitätskonstante (*DK*) von 92,5; diese fällt beim Schmelzen auf 88, und im Bereich von 0 bis 100 °C sinkt die *DK* monoton auf 55. Anomal ist die Druckabhängigkeit der *DK* [3]. Die dielektrische Relaxationszeit τ liegt in der Größenordnung von 10^{-11} sec. Die Tatsache, daß nur eine einzige Relaxationszeit beobachtet wird, bedeutet, daß keine Struktureinheiten länger als 10^{-11} sec existieren.

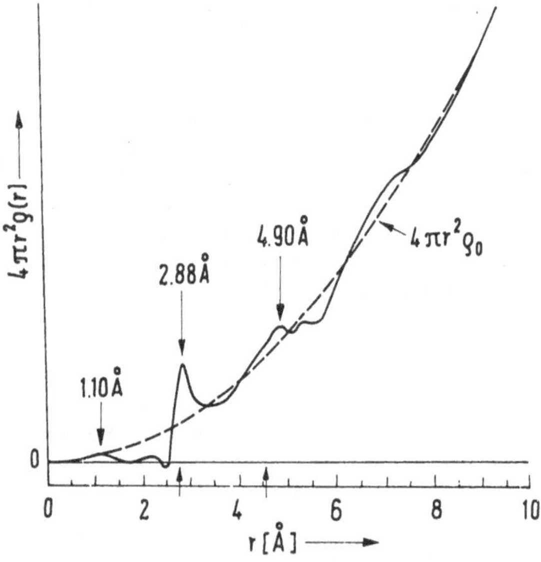

Abb. 4 Radiale Verteilungsfunktion der H_2O-Moleküle in flüssigem Wasser aus der Röntgenstrahlbeugung bei 25 °C (nach DANFORD und LEVY)

Dies ist vereinbar mit den Ergebnissen der Neutronenbeugung, die eine mittlere Lebensdauer dieser Struktureinheiten von 10^{-12} sec ergibt [4].

Seit 1933 die ersten zuverlässigen Röntgenbeugungsaufnahmen gemacht wurden, hat man diese häufig zur Aufstellung eines Strukturmodells benutzt. Aus den Beugungsaufnahmen ergibt sich die radiale Verteilungsfunktion, deren Maxima und Minima gedeutet werden müssen (Abb. 4). Die radiale Verteilungsfunktion gibt die Wahrscheinlichkeit $\varrho\,(r)\,d\,V$, ein Wassermolekül in einem Volumen dV in einer Entfernung r vom Zentrum eines Koordinatensystems zu finden, wenn sich gleichzeitig in diesem Zentrum ein Wassermolekül befindet [4]. Auf die Bedeutung der Verteilungsfunktion für die quantitative Fassung des Begriffs „Struktur“ wird in Abschnitt 2 eingegangen werden. Die Röntgendaten sind ein notwendiges, aber kein hinreichendes Kriterium für die Richtigkeit einer Theorie, da sie von vielen Modellen richtig erklärt werden (d. h. es ist relativ leicht, ein Modell an die Röntgendaten anzupassen). Die vorliegende Verteilungsfunktion weist auf die Existenz einer Nahordnung im flüssigen Wasser hin.

Die Aussagen der Röntgenbeugung werden durch die Neutronenbeugung erweitert [4], [20]. Man erhält die Wahrscheinlichkeit $\varrho\,(r, t)\,d\,V$, ein Wassermolekül im Volumen $d\,V$ im Abstand r vom Zentrum zur Zeit t zu finden, wenn im Zentrum ein Wassermolekül zur Zeit t_0 gegeben ist. Überhaupt sollte man durch die Neutronenbeugung fast alle Werte erhalten, die zur Beschreibung der Wasserstruktur nötig sind, aber dazu sind die experimentellen Voraussetzungen im Moment noch nicht gegeben [4]. Literaturangaben über infrarotspektroskopische Untersuchungen an Wasser finden sich in [21], [22] und ältere Arbeiten vor allem in [2]. Die Linien der Grundschwingungen der O—H-Gruppen sind beim flüssigen Wasser gegenüber ihrer Lage bei der Gasphase verschoben und verbreitert; dies wird auf die Beeinflussung durch die H-Bindung, die in der Gasphase fehlt, zurückgeführt. Außerdem treten auf Grund zwischenmolekularer Wechselwirkungen im Bereich niedriger Frequenzen bei Flüssigkeiten Linien auf, die bei der Gasphase fehlen; sie sind deshalb wichtig für das Studium intermolekularer Bindungen. Wie sich im folgenden zeigen wird, ist die Deutung des Wasserspektrums noch sehr umstritten; das gleiche trifft für die Ergebnisse der RAMANspektroskopie zu.

Die aus Kernresonanz-(NMR-)experimenten an Protonen (d. h. an Wasserstoffkernen) zu entnehmenden Informationen geben unmittelbar Aufschluß über das Verhalten der Wassermoleküle. Während die Fläche des NMR-Signals ein zuverlässiges Maß für die Zahl der untersuchten Wassermoleküle darstellt und die Lage der Resonanzlinie Aufschlüsse über die elektronische Umgebung des Protons liefert, entnimmt man den kernmagnetischen Relaxationszeiten quantitative Angaben über das mittlere kinetische Verhalten eines einzelnen Wassermoleküls. Eine Variation der Zahl der Wasserstoffbrücken verursacht eine Änderung der chemischen Verschiebung der Protonenresonanzlinie, wobei jedoch auch der Einfluß der Dehnung und Biegung von H-Bindungen zu berücksichtigen ist [23]. Ist der Bruchteil der über Wasserstoffbrücken vernetzten Wassermoleküle bei einer bestimmten Temperatur bekannt, so läßt sich eine grobe Abschätzung dieses Anteils bei allen anderen Temperaturen vornehmen. Dieser Sachverhalt wird ausgenutzt, um die verschiedenen Strukturmodelle zu vergleichen, indem man die Aussagen dieser Theorien zur Temperaturabhängigkeit der chemischen Verschiebung den experimentellen Werten gegenüberstellt [24], [25]. Aus der longitudinalen Relaxationszeit wird die Umorientierungszeit τ_c eines Wassermoleküls zu $3 \cdot 10^{-12}$ sec bestimmt [26]*), und aus dem Abklingen der transversalen Magnetisierungskomponente in Anwesenheit eines linearen magnetischen Feldgradienten erhält man den Selbstdiffusionskoeffizienten ($2 \cdot 10^{-5}$ cm²/sec) [27]. Diese Aussagen über die rotatorische und translatorische Beweglichkeit des Wassermoleküls stimmen mit den unter Anwendung anderer Methoden gefundenen Resultaten überein. Aus Relaxationszeitmessungen kann ferner die Lebensdauer eines Wassermoleküls ermittelt werden (10^{-13} sec bei pH = 7) [28].

---

*) Die Umorientierungszeit τ_c ist mit der dielektrischen Relaxationszeit τ durch die Beziehung $\tau_c = {}^1/_3\,\tau$ verknüpft.

1.7. Strukturmodelle für flüssiges Wasser

Wie bereits erwähnt, besteht die Frage nach der Wasserstruktur im wesentlichen darin, in welcher Weise Wassermoleküle durch H-Bindungen miteinander verknüpft sind und wie sich diese Verknüpfungen zeitlich ändern. Dabei muß bedacht werden, daß jedes Modell weniger eine geometrische Beschreibung der Flüssigkeit bedeutet, sondern eher nur ein Mittel ist, quantitative Formulierungen zu erleichtern. Berendsen [4] diskutiert die Frage, inwieweit es bei einer Flüssigkeit überhaupt sinnvoll sei, von einer „Struktur" zu sprechen. Eine notwendige Bedingung ist, daß die Lebensdauer struktureller Einheiten wenigstens eine Größenordnung größer ist als die Dauer der Schwingungen derjenigen Bindungen, die die Strukturen bestimmen. Dies bedeutet, daß die Struktureinheiten 10^{-11} bis 10^{-12} sec existieren müssen, da die Schwingungsdauer der intermolekularen H-Bindungen $2 \cdot 10^{-13}$ sec beträgt. Wie aus den oben angeführten Messungen hervorgeht, ist diese Bedingung beim Wasser erfüllt.

Eine exakte Lösung des Problems wäre eine Berechnung, die nur auf Quantenmechanik und Statistik beruht. Die physikalischen Grundlagen sind dafür vorhanden; die Bewältigung der Aufgabe scheitert z. Zt. noch an der mathematischen Komplexität des Problems. Daher wird so vorgegangen, daß Modelle entwickelt werden, die eine möglichst große Anzahl der mechanischen, thermischen, elektrischen und spektroskopischen Daten wiedergeben. Dabei werden zwar statistische Methoden zur Berechnung angewendet, aber jedes Modell enthält eine Anzahl von Größen, die abgeschätzt werden müssen und die deshalb den Erfordernissen angepaßt werden können. Deshalb gibt es eine große Anzahl verschiedener Modelle, die z. T. die gleichen Meßwerte richtig wiedergeben. Welches Modell richtig ist, wird sich nicht nur aus der Kontrolle durch alle verfügbaren Daten ergeben, sondern auch daraus, wie dieses Modell in der Lage ist, Strukturveränderungen durch den Einfluß gelöster Teilchen usw. zu deuten.

Von vornherein kann gesagt werden, daß sich die Netzwerke des flüssigen Wassers von denen des Eises dadurch unterscheiden, daß eine Ordnung über weite Entfernungen fehlt und daß die Netzwerke nur eine kurze Lebensdauer haben.

Zur besseren Orientierung kann man die existierenden Modelle in mehrere Gruppen, ihren Hauptmerkmalen gemäß, einteilen, wenn auch jede Gruppierung in gewisser Weise willkürlich ist. Falk und Ford [21] geben zwei Hauptgruppen an:

a) Mischungsmodelle (z. B. [3], [29], [30], [31], [32], [33], [34], [35], [36]): Darunter werden die Modelle verstanden, die das flüssige Wasser als eine in Gleichgewicht befindliche Mischung von Molekül-„arten" mit einer jeweils unterschiedlichen Anzahl von H-Bindungen pro Molekül beschreiben. Diese Beschreibung schließt das Zerreißen einer bestimmten Anzahl von H-Bindungen bei einer beliebigen Temperatur ein.

b) Kontinuum-Modelle (z. B. [37], [38], [39]): Darunter versteht man solche Modelle, die das Wasser als eine Flüssigkeit beschreiben, in deren Netzwerk fast alle H-Bindungen noch ungebrochen sind und bei denen eine Verteilung der Geometrie und Energie der H-Bindungen vorliegt. Diese Modelle beinhalten, daß die H-Bindungen im Wasser durchschnittlich schwächer sind als im Eis, und zwar als Ergebnis der unregelmäßigen Verbindungen und Verlängerungen, welche mit der Temperatur ansteigen.

Die Kontinuum-Modelle werden von Frank [35] auch als „uniformistische" Theorien bezeichnet. Bernal und Fowler [37] deuteten die ersten zuverlässigen Röntgenbeugungsaufnahmen des flüssigen Wassers dahingehend, daß im Wasser eine, allerdings stark verwackelte, quarzähnliche Gitterstruktur vorliegt. Die H-Brücken sollten tetraedrisch orientiert sein. Nach den Untersuchungen von Morgan und Warren [40] haben Bernal und Fow-

LER jedoch die radiale Verteilungsfunktion, die sich aus der Röntgenstrahlbeugung ergibt, nicht richtig wiedergegeben. Das Modell hat nur noch historisches Interesse; es hat jedoch durch die Annahme, daß im flüssigen Wasser tetraedrische Strukturen in weitem Ausmaß erhalten bleiben, die weitere Entwicklung stark beeinflußt.

Die Weiterentwicklung der uniformistischen Modelle erfolgte durch LENNARD-JONES und POPLE [38]. Hauptelement sind wiederum flexible H-Bindungen. Bereits im Eis sollen sich die H-Brücken bei steigender Temperatur krümmen; im Unterschied dazu können sich beim flüssigen Wasser die einzelnen Bindungen unabhängig voneinander abwinkeln. Dadurch können die Hohlräume der Struktur mit H_2O-Molekülen gefüllt werden, ohne daß ein nennenswerter Anteil der Wasserstoffbrücken gebrochen zu werden braucht. Die Berechnung der Dielektrizitätskonstante des Wassers mit diesem Modell liefert die richtige Temperaturabhängigkeit, aber die Absolutwerte sind um 20% zu klein [1]. Die Ausdehnung auf Lösungen bereitet Schwierigkeiten [41]. Schließlich widerspricht das Modell der relativ niedrigen Viskosität des Wassers [42].

Die Mehrzahl der Theorien über die Wasserstruktur kann man den „Mischungsmodellen" zuordnen; es ist zweckmäßig, eine weitere Unterteilung (z. B. nach WICKE [1]) vorzunehmen. Bei den sog. Käfigmodellen treten zwei Sorten von Molekülen als Mischungskomponenten auf: Moleküle in einer sperrigen Gitterstruktur, welche in ihren Hohlräumen die andere Komponente beherbergt, nämlich Einzelmoleküle, die aber nach den meisten hierher gehörigen Modellen im Gegensatz zu den Kontinuumtheorien über keine H-Brücke gebunden praktisch frei rotieren sollen. Dieses Modell konzipierte zuerst SAMOILOV im Jahre 1946 [3], der für das Grundgerüst die Struktur von Eis I annimmt. Ähnlich geartet ist auch der Vorschlag von DANFORD und LEVY, der besonders die Röntgendaten berücksichtigt [31], [43]. BERENDSEN [4] hält die Käfig- (oder Zwischenplatz-)Modelle im wesentlichen für richtig; sein wichtigster Abänderungsvorschlag gegenüber DANFORD und LEVY besteht darin, daß die Moleküle in den Käfigen doch teilweise über verbogene H-Brücken mit dem Gitter oder untereinander verbunden sein sollen. Das Gitter müßte dann nicht unbedingt die Eis-I Struktur haben.

PAULING [30] nimmt eine Gerüststruktur aus Polyedern an, wie sie von den Gashydraten her bekannt sind, die in bestimmter Weise kombiniert werden; anstelle der Gasmoleküle befinden sich in den Polyedern freie Wassermoleküle. Die Polyeder der Gashydrate spielen auch bei der Diskussion der Wasserstruktur um unpolare Teilchen eine Rolle. Es handelt sich um kristalline Hydrate einfacher Substanzen, z. B. von Kohlenwasserstoffen und Gasen. Beim Hydrat des Chlors z. B. befinden sich 20 Wassermoleküle an den Ecken eines Pentagondodekaeders, welche H-Brücken längs der Dodekaederkanten bilden. Es entsteht also eine dreidimensionale Struktur. Die Gasmoleküle besetzen die Zwischenräume in ziemlich regelloser Orientierung, aber ihre Zahl pro Elementarwürfel ist festgelegt. Beim PAULING-Modell des Wassers werden diese Gasmoleküle durch Wassermoleküle ersetzt. Allerdings hat PAULING das Modell nicht quantitativ behandelt, dies taten erst später FRANK und QUIST [44].

MARCHI und EYRING [33] nehmen an, daß sich die Käfigstruktur mit steigender Temperatur in eine neue umwandelt; gleichzeitig entstehen Hohlräume, um die wachsende Zahl von Einermolekülen aufnehmen zu können. Dieses Modell wurde von JHON u. a. [42] abgewandelt. Sie gehen davon aus, daß aus spektroskopischen Untersuchungen ersichtlich sei, daß nur eine unbeträchtliche Anzahl von Monomeren frei existiert. Die mathematische Behandlung ist aber im Prinzip die gleiche wie bei MARCHI und EYRING. WICKE [1] betrachtet das Modell von PAULING wie auch andere Käfigmodelle als zu starr z. B. zur Deutung der Hydratation 2. Art (siehe Abschnitt 2.3.). Auch nach NÉMETHY [41] machen alle Käfigmodelle Schwierigkeiten bei der Anwendung auf wäßrige Lösungen. (Wenn die gelösten Moleküle größer sind als die Wassermoleküle, erfordert ihr Einbau eine drastische Reorganisation der Struktur). FRANK und QUIST [44] berechnen, daß das PAULING-Modell maximal 12 cal/mol · grd als Molwärme zuläßt gegenüber den 18 cal/mol · grd, die gemessen werden. Eine ähnliche Diskrepanz tritt auch bei MARCHI und EYRING auf. Außerdem gibt das PAULING-Modell die Verteilungsfunktion, die aus den Röntgendaten ermittelt worden ist, nicht richtig wieder [43].

Den meisten Cluster-(Netzwerk-)Hypothesen ist gemeinsam, daß das flüssige Wasser aus einer Mischung von Netzwerken vierfach verknüpfter H_2O-Moleküle und von Monomeren besteht, die den Raum zwischen den Clustern ausfüllen (Abb. 5). An den Grenzflächen der Cluster treten auch 1-, 2- oder 3-fach gebundene Moleküle auf, so daß insgesamt 5 Molekülsorten (d. h. 5 Energieniveaus) zu berücksichtigen sind, wenn auch z. T. nur in kurzlebigen Zwischenzuständen. Die Cluster selbst befinden sich im ständigen Auf- und Abbau (mittlere Lebensdauer 10^{-11} sec). Dieses Modell stammt in seinen Grundzügen von HASTED [45]. Genauere Berechnungen auf der Grundlage thermodynamischer Daten wurden von NÉMETHY und SCHERAGA [32] durchgeführt. Sie berechneten eine Clustergröße von im Mittel 90 H_2O-Molekülen je Cluster bei 0 °C, abnehmend auf etwa 25 Einheiten bei 70 °C (Abb. 6). Die H-Brücken halten die tetraedrische Orientierung genauer ein als im Gitter von LENNARD-JONES und POPLE [38]. Kennzeichnend für die Clusterhypothese von NÉMETHY und SCHERAGA ist die Annahme, daß H-Bindungen kooperativ auf- und abgebaut werden [35]. Eine Verallgemeinerung des Konzepts der verschiedenen Energieniveaus erfolgte durch VAND und SENIOR [46] sowie durch GRIFFITH und SCHERAGA [47] (zitiert in [48]).

Während NÉMETHY und SCHERAGA bei 0 °C eine Clustergröße von 90 Molekülen annehmen, entwickelt LUCK [2] Cluster aus 600 Molekülen. Die Cluster sollen dicht aneinanderliegen (ohne dazwischenliegende Einzelmole-

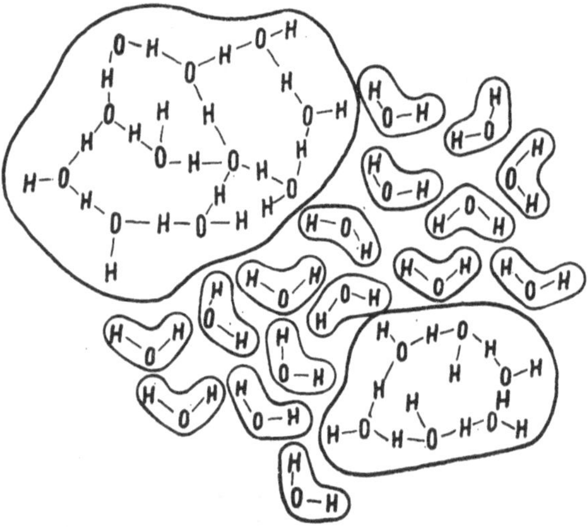

Abb. 5 Struktur des Wassers nach NÉMETHY und SCHERAGA

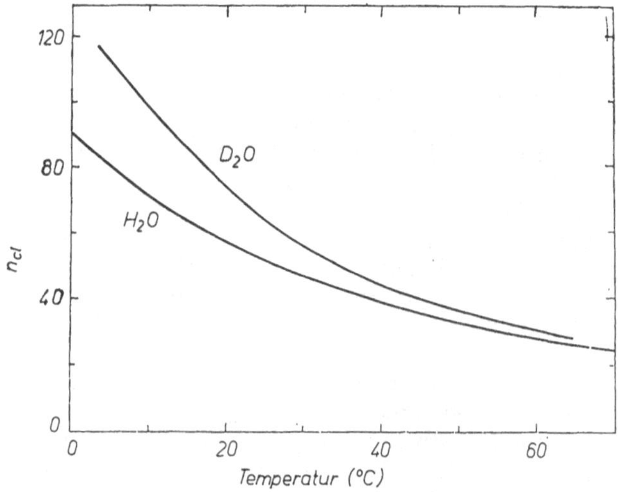

Abb. 6 Größe der Cluster, n_{cl}, in flüssigem H_2O und D_2O als Funktion de Temperatur nach NÉMETHY und SCHERAGA

küle). In den Clustern werden 3 Molekülarten angenommen: tetraedrisch gebundene H_2O-Moleküle, am Clusterrand Moleküle mit freien OH-Bindungen, sowie über das Netzwerk verteilt Moleküle mit winkel- bzw. abstandsungünstigen H-Bindungen (nichttetraedrische Bindungen). Mit steigender Temperatur soll die Clustergröße rasch abnehmen.

Ein Versuch, die Wasserstruktur genauer zu bestimmen, geschieht auch durch die Annahme mehrerer, miteinander in Wechselwirkung stehender multimolekularer Strukturen, insbesondere von DAVIS und LITOVITZ [34] und von WICKE [1]. DAVIS und LITOVITZ nehmen 2 Strukturen verschiedener Dichte bei völligem Fehlen von Monomeren an. Mit wachsender Temperatur soll eine Umlagerung von Struktur I in Struktur II erfolgen. Die Autoren kommen aber zu dem Ergebnis, daß noch eine dritte Struktur angenommen werden muß. Hauptelement des Modells von WICKE [1] sind Cluster von ca. 100 Molekülen, welche am Clusterrand z. T. nichttetraedrisch verknüpft sind. Die Netzwerke spalten sich mit wachsender Temperatur in mehreren Abbaubereichen auf (Ablösung der Cluster durch kleinere, u. U. nichttetraedrisch verknüpfte Molekülaggregate, die wiederum abgebaut werden). Von WICKE wird der Anschluß an das Modell von EUCKEN [29] betont. EUCKEN faßte die u. a. von RÖNTGEN stammende Konzeption der „eisartigen Molekeln" quantitativ. Als eisartige Moleküle nahm er Achterassoziate an, deren Struktur einen Hohlraum wie in der Tridymitstruktur des Eises enthält. Diese Achtermoleküle sollten einen etwa 10% größeren Volumenbedarf haben als im Mittel die übrigen Bestandteile des Wassers. Über Vierer- und Zweiermoleküle sollen die Achterassoziate thermisch dissoziieren. Kritisch diskutiert und abgelehnt wird das Modell durch LUCK [2] und SAMOILOV [3]. Es liefert zwar gute Ergebnisse (durch Anpassung freier Parameter), aber die Grundannahmen können heute nicht mehr vertreten werden. TRINTSCHER geht in einer Arbeit über Wasserstruktur und biologische Makromoleküle [49] vom EUCKEN-Modell aus. Da von ihm andere Modelle praktisch nicht erwähnt werden, kann man daher nicht sagen, ob das EUCKEN-Modell tatsächlich zur Klärung biologischer Fragestellungen geeignet ist, zumal die Vorstellungen TRINTSCHERS stark umstritten sind.

BERENDSEN [4] schließt aus thermodynamischen Rechnungen, daß Clustergrößen wie bei NÉMETHY und SCHERAGA und LUCK unwahrscheinlich sind, soweit sie von eisähnlicher Struktur angenommen werden. Unvollkommene Strukturen (Dichte des Clusters größer als die des Eises) sollten jedoch möglich sein. Von der Mehrzahl der Autoren wird das NÉMETHY-SCHERAGA-Modell als eine wichtige Näherung an ein endgültiges Wassermodell angesehen [50]. Die Berechnungen für die Enthalpie, freie Enthalpie und Entropie zeigen einen maximalen Fehler von 3%. Die Werte für die spezifische Wärme sind besser als bei den anderen Modellen, jedoch fallen sie mit steigender Temperatur zu rasch. Das NÉMETHY-SCHERAGA-Modell gehört zu denen, die zur Behandlung von Lösungen herangezogen werden. Untersuchungen zur Wirkung apolarer Stoffe auf die Wasserstruktur bringen NÉMETHY und SCHERAGA [51], SCHNEIDER u. a. [52] und FRIEDMAN u. a. [53]. Auch die Behandlung von Ionenlösungen sollte nach Meinung von NÉMETHY [41] erfolgreich sein. SINANOGLU [54] meint allerdings, daß die Anwendung auf komplizierte Makromoleküle (etwa DNS) schwierig sein wird. Mehrzuständemodelle könnten geeignet sein, die von DROST-HANSEN berichteten Phasenübergänge zu interpretieren, falls diese tatsächlich existieren.

Am Ende des Abschnittes 1.6. wurde ausgeführt, daß auch auf der Grundlage von NMR-Messungen die einzelnen Modelle miteinander verglichen werden können. Die Untersuchungen von RÜTERJANS und SCHERAGA [25] ergeben, daß die Modelle von DAVIS und LITOVITZ und von GRIFFITH und SCHERAGA den Messungen am besten entsprechen.

Die bisher erschienene Literatur zeigt, daß über die Grundfragen der Wasserstruktur noch keine Klarheit besteht. DAVIS und LITOVITZ [34] bzw. DAVIS und BRADLEY [55], LUCK [2] und JHON [42] verneinen die Existenz von Monomeren (von ungebundenen, frei rotierbaren Wassermolekülen) im flüssigen Wasser, während diese einen Bestandteil des NÉMETHY-SCHERAGA-Modells bilden und ORENTLICHER und VOGELHUT [36] aussagen, daß bei 40 °C mehr als $^1/_4$ der Wassermoleküle nicht über H-Brücken gebunden vorliegt. Darüber hinaus versuchen FALK und FORD [21] durch IR-Messungen zu klären, ob Kontinuum- oder Mischungsmodelle gültig sind, d. h. ob überhaupt H-Brücken gebrochen sind. Sie kommen zu dem Schluß, daß dies praktisch nicht der Fall sei. Diese Aussage wird von FRANCK und ROTH [56] unterstützt.

Andere Autoren (z. B. [57], [2], [58], [59], [60]) schließen aus infrarot- und RAMAN-spektroskopischen Untersuchungen auf die Gültigkeit von Mischungsmodellen. Diese Diskrepanz beruht nach den Untersuchungen von LUCK [22], [50] darauf, daß jeweils unterschiedliche Teile des Spektrums der Argumentation zugrundegelegt wurden und daß die Ergebnisse von FALK keinesfalls Mischungsmodelle ausschließen, was auch von WALRAFEN [60] betont wird.

Ein Teil der Schwierigkeiten liegt auch darin begründet, daß es noch keine einheitliche Definition des Begriffs „Wasserstoffbrückenbindung" gibt. Bei NÉMETHY und SCHERAGA steht ein Wassermolekül, das keine H-Bindungen eingeht, trotzdem unter dem Einfluß elektrostatischer Felder der benachbarten molekularen Dipole. Andere Wassertheorien rechnen alle elektrostatischen Wechselwirkungen als einen Teil der H-Bindung. Diese Differenz in der Definition der H-Bindung ist (zumindest teilweise) verantwortlich für die großen Unterschiede der berechneten Zahlen der H-Bindungen, die in den verschiedenen Modellen bei einer bestimmten Temperatur existieren, und für die Unterschiede in den berechneten

Energiewerten für die Bildung von H-Bindungen [61].

Die Untersuchungen über das von DERJAGIN in dünnen Quarzröhren hergestellte Polywasser sind sehr widersprüchlich, und die Existenz dieser Wassermodifikation ist keinesfalls gesichert. Die gefundenen Eigenschaften können eventuell auf Verunreinigungen oder Fehlinterpretation der Spektren zurückgeführt werden [62].

1.8. *Eigenschaften und Struktur des schweren Wassers*

Im Abschnitt 1.5. wurden bereits die Daten des schweren Wassers im Vergleich zu denen des Wassers natürlicher Isotopenzusammensetzung wiedergegeben. Bemerkenswert ist, daß die spezifische Wärme für D_2O noch größer als für H_2O ist.

Aus den kristallographischen Daten ergibt sich, daß die molekularen Dimensionen (O—D-Abstand und der Winkel zwischen den O—D-Bindungen) sowie die Länge der Wasserstoffbrückenbindungen sich nur um einige Tausendstel Å bzw. Grad unterscheiden [5], [12], [63]. Eigenschaften, die im wesentlichen von der Geometrie des Moleküls abhängig sind, z. B. das Dipolmoment, werden sich also gegenüber dem normalen Wasser kaum ändern. Auf der anderen Seite sind Größen, die vom Brechen der H-Bindungen abhängen, in D_2O größer als im H_2O [55]. So zeigen Viskosität, Schmelzpunkt oder die spezifische Wärme, daß im flüssigen D_2O mehr „strukturelle Ordnung" herrscht als im H_2O. Die Begründung dafür liegt darin, daß sich wegen der Substitution durch ein schwereres Isotop die Massen und Trägheitsmomente ändern. Dadurch werden die intermolekularen Schwingungsfrequenzen erniedrigt und somit die H-Bindungen stabilisiert. Es hat sich gezeigt, daß die O—D···O-Bindung stärker als die entsprechende O—H···O-Bindung ist. Diese Frage wird bei KAVANAU [5] diskutiert.

Da die Eigenschaften von H_2O und D_2O sich nicht grundsätzlich voneinander unterscheiden und da D_2O

ebenso wie H_2O dreidimensionale Strukturen über Wasserstoffbrückenbindungen bilden kann, lassen sich die Strukturmodelle des H_2O auch auf D_2O übertragen; es kommen keine wesentlich neuen Gesichtspunkte hinzu. Ist die Struktur für H_2O geklärt, so dürfte dies auch für D_2O gelten. Trotzdem sind Untersuchungen an D_2O (und auch an HDO) durchaus bedeutungsvoll. Werden die für H_2O gewonnenen Modelle auf D_2O übertragen, so können sie auf ihre Gültigkeit geprüft werden. Darauf weist besonders KAVANAU hin. Außerdem können an D_2O experimentelle Untersuchungen gemacht werden, die helfen, Unklarheiten bei den gleichen Experimenten an H_2O zu beseitigen. Das gilt besonders für infrarotspektroskopische Messungen [21], [57], [58], [59] sowie auch für Kernresonanzuntersuchungen [64].

EUCKEN wendet sein Assoziatmodell auch auf D_2O an [65]. Qualitativ ergibt sich das gleiche Bild wie bei H_2O. Die Modelle unterscheiden sich in den Verhältnissen der Einer-, Zweier-, Vierer- und Achtermoleküle bei gegebener Temperatur, entsprechend den unterschiedlichen Meßwerten (besonders denen der spezifischen Wärme).

Da das Modell von NÉMETHY und SCHERAGA stark diskutiert wird, ist auch seine Übertragung auf D_2O wichtig [14]. Dabei wurde die oben erwähnte Tatsache berücksichtigt, daß die D-Bindungen stabiler als die H-Bindungen sind. NÉMETHY und SCHERAGA legten ihren Untersuchungen eine Energiedifferenz von 320 cal/mol zugrunde. Die Schwingungsfrequenzen, Massen und Trägheitsmomente wurden in Übereinstimmung mit den theoretischen Werten für die Isotopensubstitution genommen. Die Tatsache, daß die Theorie von NÉMETHY und SCHERAGA ohne weitere Zusatzannahmen auf D_2O angewendet werden kann, wird von KAVANAU [5] als eine Unterstützung dieses Modells betrachtet. Bei gegebener Temperatur ist die Clustergröße im D_2O größer als im H_2O (Abb. 6). Mit wachsender Temperatur verkleinert sich die Clustergröße bei D_2O schneller als beim H_2O, so daß bei hohen Temperaturen etwa der gleiche Ordnungsgrad herrscht. Dies ist aus der allgemeinen Tatsache zu erwarten, daß mit steigender Temperatur die Isotopieeffekte kleiner werden. Aus der stärkeren Abnahme der Ordnung mit wachsender Temperatur rührt die höhere spezifische Wärme für D_2O her.

Zwei weitere Arbeiten der letzten Jahre sind zu erwähnen: die Arbeiten von Jhon u. a. [42] und von Davis und Bradley [55] (zum Modell von Davis und Litovitz [34]). Vergleicht man die nach Jhon berechneten spezifischen Wärmen mit den Meßwerten, so ergibt sich eine noch schlechtere Übereinstimmung als bei H_2O. So zeigt die gemessene Kurve zwischen 0 und 100 °C einen monotonen Abfall, während Jhon bei ca. 20 °C ein Minimum errechnet.

2. Wechselwirkungen zwischen Wasser und gelösten Stoffen

Es ist nicht von vornherein klar, daß Ergebnisse, die durch Untersuchungen an niedermolekularen gelösten Stoffen oder Molekülgruppen gewonnen werden, auf die Verhältnisse in biologischen Objekten übertragen werden können. Das Problem der Wechselwirkung zwischen den einzelnen Gruppen etwa an einem Makromolekül tritt schon bei einfachen Fragestellungen auf. So sind Experimente an völlig unpolaren Stoffen schwierig, weshalb man Stoffe untersucht, die sowohl eine polare Gruppe (oder eine elektrische Ladung) als auch eine unpolare Gruppe besitzen. Der Einfluß der polaren Gruppe wird dann durch Versuchsreihen mit Stoffen unterschiedlicher Länge der unpolaren Gruppe (etwa einer Kohlenwasserstoffkette) eliminiert. Némethy [41] und Frank [35] führen aus, daß die Wirkungen der verschiedenen Gruppen an einem Molekül oft additiv zu sein scheinen, was auch für praktisch wichtige Fälle wie Aminosäuren und

Proteine zutreffen soll. Etwas vorsichtiger meint HERTZ [66], daß kein zwingender Beweis dafür existiert, daß die molekulare Interpretation ähnlicher Meßgrößen bei An- und Abwesenheit polarer Gruppen oder Ladungen unterschiedlich sein muß. Deshalb sollen zunächst die Wechselwirkungen von Wasser mit einfachen gelösten Stoffen diskutiert werden.

In sehr vielen der in das Gebiet fallenden Arbeiten werden die Begriffe Strukturvermehrung bzw. -verminderung benutzt. HERTZ [66] weist auf die Notwendigkeit hin, diesen oft intuitiv gebrauchten Begriffen eine präzisere Form zu geben. Der Strukturgrad wird nach HERTZ durch die Schärfe der Maxima der molekularen Verteilungsfunktionen charakterisiert. Der Begriff „Verteilungsfunktion" wurde bereits in Abschnitt 1.6. eingeführt. Die dort betrachtete radiale Funktion summierte über alle Richtungen im Raum; man kann natürlich auch eine Verteilungsfunktion einführen, die sowohl abstands- als auch winkel-(richtungs-) abhängig ist. Die genannte Charakterisierung des Begriffs „Struktur" ist strenger als etwa die Angabe der Zahl der H-Bindungen, der Größe der Assoziate etc. Für das System Wasser—gelöster Stoff müssen zwei Verteilungsfunktionen eingeführt werden. Die eine, f_{11}, beschreibt die Lage der Wassermoleküle relativ zueinander, die andere, f_{12}, die Lage relativ zu den gelösten Teilchen. Die genaue Erörterung zeigt, daß den Begriffen „Strukturvermehrung" und „Strukturverminderung" jeweils mehrere Kombinationen von f_{11} und f_{12} zuzuordnen sind, so daß diese beiden Begriffe zur Beschreibung der Änderung der Wasserstruktur in der Umgebung gelöster Teilchen nicht ausreichen. Die Verteilungsfunktionen können aber z. Zt. noch nicht berechnet werden, und auch experimentell kann nur die radiale Verteilungsfunktion durch Röntgenbeugungsaufnahmen ermittelt werden, nicht aber die winkelabhängige.

Im folgenden wird der Begriff „Hydratation" oft gebraucht werden. Leider ist dieser Begriff schlecht definiert und ändert seinen Inhalt je nach den Phänomenen, die man beobachtet. Bezeichnet man damit alles Wasser, dessen Struktur sich in irgendeiner Weise von der des freien Wassers unterscheidet, dann ist die Abgrenzung etwas willkürlich. Günstiger ist es, ihn nur auf die erste oder höchstens noch zweite und dritte Koordinationssphäre des betrachteten Ions, Moleküls oder der Molekülgruppe zu beziehen. Dabei ist zu bemerken, daß selbst die Wassermoleküle in der unmittelbaren Umgebung eines Ions niemals völlig unbeweglich sind und leicht durch andere Wassermoleküle aus der Lösung ausgetauscht werden können. Im folgenden Abschnitt ist ein Beispiel dafür gegeben, wie durch die Angabe von Umorientierungs- und Verweilzeiten die Struktur der Hydrathülle charakterisiert werden kann.

2.1. Wechselwirkungen Wasser—Ion

Am weitesten vorangeschritten ist bisher die Klärung der Wechselwirkungen zwischen Wasser und Ionen (Elektrolyten). Allerdings ist dies ein so umfangreiches Gebiet, daß hier nur die Grundzüge behandelt werden können. Allgemein kann gesagt werden, daß Ionen von einer Hydrathülle umgeben sind, d. h. daß das Wasser um die Ionen eine Struktur besitzt, die sich von der des freien Wassers unterscheidet. Das Ion kann auf das Wasser in zwei verschiedenen Weisen wirken. Durch sterische Wirkung stört es die Wasserstruktur und bricht H-Bindungen zwischen den Wassermolekülen (Wirkung proportional der Ionengröße), durch elektrostatische Wirkung baut es eine neue Ordnung auf. Besonders auf der zuletzt genannten elektrostatischen Ion-Dipol-Wechselwirkung beruht die Hypothese von Frank, Evans und Wen über die Struktur der Hydrathülle [1], [5], [35], [41]. Drei Schichten werden unterschieden (Abb. 7):

a) In einer innersten Schicht sind die Wassermoleküle zueinander starrer orientiert als im freien Wasser — es resultiert Strukturzunahme. Ionen von Übergangsgruppenelementen können außerdem starke H-Bindungen mit den Wassermolekülen und somit relativ starre Komplexe bilden.

b) In einer weiteren Schicht vermag das Ion gerade noch die H-Bindungen zwischen den Wassermolekülen zu zerstören, aber nicht mehr eine neue Ordnung aufzubauen. Die Wassermoleküle werden hier beweglicher sein als im freien Wasser.

c) In der Außenregion geht das Wasser in die Normalstruktur über.

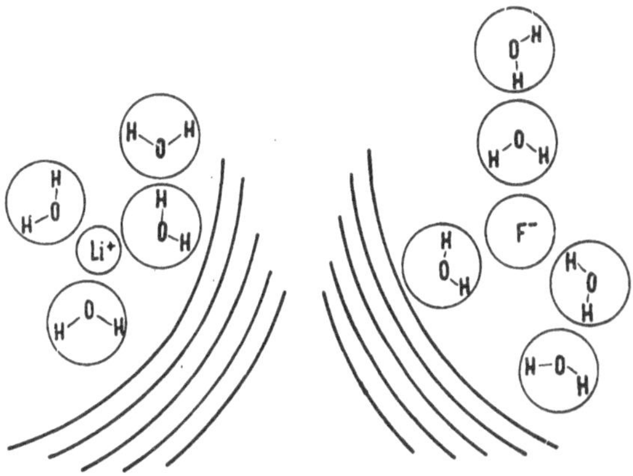

Abb. 7 Geordnete Hydratationsbereiche (Hydrathüllen) des Li^+- und des F^--Ions sowie Verwerfungszonen der Wasserstruktur, schematisch (nach WICKE)

Die Ausdehnung der Regionen *a*) und *b*) ist für die einzelnen Ionen unterschiedlich. Aus Entropiemessungen zeigt sich, daß Anionen weniger hydratisiert sind als Kationen. Weiterhin ist die Zone *a*) um so fester, je größer die Polarisationskraft der Ionen ist (Verhältnis Ladung/Radius). Daraus folgt: Strukturbildner sind kleine und mehrwertige Ionen, wie Li^+, Na^+, H_3O^+, Ca^{++}, Ba^{++}, Mg^{++}, Al^{+++}, HO^-, F^-.

Strukturbrecher sind insbesondere große einwertige Ionen. Hier existiert überhaupt keine geordnete Hülle, sondern die Wassermoleküle sind beweglicher als im freien Wasser. Man spricht dann von negativer Hydratation. Beispiele hierfür sind: K^+, NH_4^+, Rb^+, Cs^+, Br^-, J^-, NO_3^-, BrO_3^-, JO_3^-, ClO_4^-.

Die Struktur des geordneten Bereichs *a*) braucht nicht den Baugesetzen des freien Wassers zu gehorchen. Bisher konnte sie aber kaum unmittelbar erfaßt werden; vielleicht bieten Weiterentwicklungen der Röntgenstrahl-

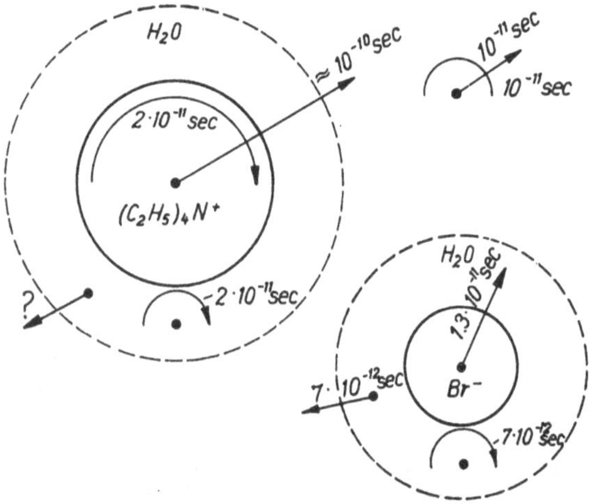

Abb. 8 Umorientierungs- und Verweilzeiten der H_2O-Moleküle in verschiedenen räumlichen Bereichen sowie der Ionen einer wäßrigen Lösung von Tetraäthylammoniumbromid bei 25 °C (nach Wicke)

beugungsmethoden, die bei sehr konzentrierten Elektrolytlösungen angewendet werden, experimentelle Möglichkeiten. Indirekte Aufschlüsse erhält man aus Zähigkeiten, Messungen von Diffusionskoeffizienten, Relaxationszeitmessungen sowie durch die Bestimmung thermodynamischer Größen (Entropieänderungen, spezifische Wärmen).

Abbildung 8 zeigt als Beispiel die Angabe der Umorientierungs- und Verweilzeiten der wäßrigen Lösung von Tetraäthylammoniumbromid; die Zahlenwerte wurden aus kernmagnetischen Relaxationszeitmessungen gewonnen. Der Hydratationsbereich der Ionen ist jeweils angedeutet. Die Zahlen an den gebogenen Pfeilen geben die Umorientierungszeiten der betreffenden Partikel an, die Zahlen an den geraden Pfeilen bedeuten die mittlere Verweilzeit der Partikel an einem bestimmten Ort zwischen zwei Platzwechselsprüngen. Diese Verweilzeiten wurden aus der Selbstdiffusion der Teilchen ermittelt. In reinem Wasser können beide Zeiten zu 10^{-11} sec angesetzt werden. Im Hydratationsbereich des Bromid-Ions sind die H_2O-Moleküle mit $7 \cdot 10^{-12}$ sec für Umorientierung und Platzwechsel beweglicher als in reinem Wasser; in der Umgebung des Tetraäthylammonium-Ions benötigen sie $2 \cdot 10^{-11}$ sec für eine Umorientierung, sind also etwas starrer gebunden als im Mittel in reinem Wasser. Dieselbe Umorientierungszeit ergibt sich für das quartäre Ammonium-Ion selbst; für dieses große und träge Partikel ist der Wert bemerkenswert klein. Ebenso ist die Verweilzeit des Brom-Ions innerhalb seines Hydratationsbereichs mit $1{,}3 \cdot 10^{-11}$ sec bemerkenswert kurz [1].

2.2. Wechselwirkungen Wasser—Dipol (polare Gruppen) und Wasserstoffbrückenbindung

An Oberflächen biologischer Objekte finden sich Gruppen, die nicht ionisiert sind, aber polaren Charakter haben. Diese wirken durch die relativ schwache Dipol-Dipol-Wechselwirkung auf das Wasser, indem sie Wassermoleküle orientieren und binden. Solche Wechselwirkungen dominieren wahrscheinlich in Membrangebieten, deren nichtionisierte polare Gruppen nicht in der Lage sind, H-Brücken zu bilden [5]. Dieser Effekt wird aber stark überdeckt, wenn die Gruppen H-Bindungen bilden können. Da auch das Wassermolekül diese Fähigkeit hat, findet dadurch vermutlich eine stark gerichtete Orientierung von Wassermolekülen z. B. an Teilen der Proteinoberfläche oder an den Lipid-Kopfgruppen von biologischen Membranen statt [5]. BERENDSEN [4] nennt diese Oberflächen hydrophil. Er vermutet, daß dann eine Stabilisierung der Wasserstruktur eintritt, wenn die Anordnung der Stellen am Makromolekül, welche H-Bindungen eingehen können, gerade zum Wassergitter paßt. Seine NMR-Messungen deuten darauf hin, daß dies beim Kollagen tatsächlich der Fall ist [67]. Modelle von Kollagenketten, die durch Wassermoleküle (über H-Bindungen) verknüpft sind, enthält die Arbeit von RAMACHANDRAN [68]. Es gibt auch gelöste Stoffe, welche H-Bindungen bilden können (z. B. NH_3). Diese scheinen die Wasserstruktur verhältnismäßig wenig zu ändern, außer wenn spezifisch geometrische Erscheinungen auftreten. Das kann daran liegen, daß gelöste Moleküle einfach Wassermoleküle ersetzen (da beide H-Bindungen bilden) und so an der Clusterbildung teilnehmen. Eine Ausnahme bildet Harnstoff, welcher starker Strukturbrecher ist, obgleich er sich vermutlich vom Wasser nicht stark in Polarität und H-Bindungsstärke unterscheidet. Die Gründe dafür sind geometrischer Art [35], [41].

2.3. Wechselwirkungen des Wassers mit unpolaren Gruppen

An der Oberfläche gelöster unpolarer und schwach polarer Teilchen wären eigentlich große Abbrucheffekte (sterische Wirkung) und damit eine Lockerung der Wasserstruktur zu erwarten [1].

Alle bisher an solchen Lösungen durchgeführten Messungen weisen jedoch auf das Gegenteil hin (Übersicht bei HERTZ [66]). Man kann den entstehenden geordneten Wasserbereich als den Bereich der Hydratation 2. Art bezeichnen (im Gegensatz zur Hydratation 1. Art bei Ionen). Hydratation 2. Art (d. h. stärkere Fixierung der gegenseitigen Anordnung benachbarter Wassermoleküle) tritt ebenso bei unpolaren Gruppen von Makromolekülen auf. Diese zeigen außerdem die Tendenz, sich durch Wechselwirkung mit der Wasserstruktur aneinanderzulagern. Für die Aufrechterhaltung der Stabilität von biologischen Makromolekülen kann dieser Effekt eine große Rolle spielen (Kapitel 3).

Einen wichtigen Hinweis auf die Existenz der Hydratation 2. Art bilden thermodynamische Untersuchungen. Werden unpolare Gase, z. B. Kohlenwasserstoffe, in Wasser gelöst, so geschieht dies exotherm; außerdem ist die Entropiezunahme niedriger, als aus den Erfahrungen mit nichtwäßrigen Lösungsmitteln zu erwarten ist. (Mit anderen Worten: bei Überführung von einem unpolaren Lösungsmittel in Wasser nimmt die Entropie ab — die Ordnung nimmt zu). Die erste Hypothese zur Deutung stellte Eley 1939 auf, indem er von einer dichteren Packung des Wassers um das Gas sprach. Dabei sollte die Zahl der H-Bindungen im Wasser reduziert werden. Jedoch kommt Eley nicht zu einer definitiven Klärung der Struktur des Wassers um das gelöste Teilchen. In der Zahl der H-Bindungen weicht hiervon das Konzept von Frank und Evans (1945) ab. Sie sprechen von einer Änderung der Wasserstruktur in Richtung größerer, aber noch unvollständiger Kristallinität. Der Betrag an H-Bindungen soll ansteigen und die Beweglichkeit der Wassermoleküle verringert werden. Diese Erscheinung erhielt den umstrittenen und oft falsch gedeuteten Namen „Eisberg“ [1], [5], [66].

Eine detaillierte Betrachtung stellten Némethy und Scheraga 1962 auf der Grundlage ihres Strukturmodells des freien Wassers an [51]. Auch danach soll der Vernetzungsgrad der Wassermoleküle in den Clustern in der Nähe der Oberfläche nichtpolarer Moleküle wachsen. Die verstärkt H-gebundenen Cluster erstrecken sich um einen Teil des gelösten Moleküls und bilden unvollständige Käfige (etwa Vorformen der Gashydratkäfige) [69]. Verschiedentlich wird darauf hingewiesen, daß es nicht anzunehmen sei, daß die gelösten Moleküle, abgesehen von sehr kleinen, von einem kompletten Käfig umgeben sind.

Neuere NMR-Untersuchungen ergeben, daß zwar eine Strukturvermehrung um die unpolaren Teilchen existiert, daß aber die Zahl der H-Bindungen sinkt [61], [66]. Wicke [1] deutet letzteres dadurch, daß die Ordnungseffekte um die gelösten Teilchen vorwiegend durch „nichttetraedrische“ Verknüpfungen bewirkt werden.

Wie bereits erwähnt, können die Betrachtungen, die für einzelne unpolare Teilchen gelten, auch auf apolare Gruppen an der Oberfläche von Makromolekülen angewendet werden. In wäßriger Lösung wirken diese Gruppen auf das Lösungsmittel ordnend. Da die resultierende Struktur thermodynamisch ungünstig ist, tendieren solche Gruppen oder Regionen dahin, miteinander in Kontakt zu kommen, um so die Ausdehnung der Wechselwirkung mit dem Wasser einzuschränken. So resultiert die Stabilisierung von Anordnungen unpolarer Gruppen, d. h. „hydrophobe Bindung“ (oder „hydrophobe Wechselwirkung“), die also von der Änderung der Wasserstruktur um unpolare Teilchen ihren Ausgang nimmt [41], [48], [69], [70]. Zunächst wurde angenommen, daß die hydrophobe Bindung nur aus der van der Waals-Wechselwirkung zwischen den polaren Gruppen herrührt. Es wurde jedoch gezeigt, daß der wesentliche Beitrag zur Stabilisierung der hydrophoben Bindung tatsächlich aus der Wechselwirkung mit der Wasserstruktur stammt [71].

Sinanoglu [54] betrachtet das Problem etwas anders. Er geht von der Energie aus, die benötigt wird, wenn eine Oberfläche in der Flüssigkeit um die nichtpolaren Gruppen geschaffen wird. Dadurch wird die Gruppenkonfiguration bevorzugt, bei der die kleinste Gesamtfläche dem Lösungsmittel ausgesetzt wird. Die Energie, die gewonnen wird, wenn zwei Hohlräume in einen verschmolzen werden, reicht aus, um das Zustandekommen der hydrophoben Bindung zu erklären. Es ist allerdings zu fragen, ob man Vorgänge im molekularen Bereich durch makroskopische Eigenschaften (Oberflächenspannung) erklären soll.

Von ziemlich starren Komplexen um nichtpolare Teilchen geht KLOTZ [72] aus und deutet die Stabilisierung bestimmter Anordnungen unpolarer Gruppen durch die Bildung ausgedehnter stabilisierter Wasserzonen in kristallähnlicher Anordnung (sog. „Hydrotactoide“). NÉMETHY [41], [48] kritisiert diese Annahme, indem er ausführt, daß kein Hinweis für die Existenz von unbeweglichen Wasserschichten bestünde, die eine solch hohe Stabilität und lange Lebensdauer besitzen, daß sie zu einer direkten „Maskierung“ von Gruppen führen. Es könne nicht erwartet werden, daß solche Strukturen auf der Proteinoberfläche vorherrschten. Die Stabilisierung der Wasserstruktur an der Proteinoberfläche wird auch von RICHARDS [73] untersucht, der im wesentlichen zu dem gleichen Ergebnis wie NÉMETHY kommt.

3. Wechselwirkungen zwischen Wasser und biologischen Makromolekülen

Biologische Makromoleküle haben in wäßriger Lösung eine bestimmte räumliche Struktur (Sekundär-, Tertiärstruktur), die wahrscheinlich besonders durch Wechselwirkung mit dem Wasser (allgemein mit dem Lösungsmittel) aufrechterhalten wird. Außerdem bildet sich (damit zusammenhängend) eine Hydrathülle aus: ein gewisser Betrag von Wassermolekülen ist mehr oder weniger fest an das Makromolekül gebunden (Abschnitt 2.). Es ist zu fragen, ob diese Hydrathülle einfach nur die Grenzfläche Lösungsmittel—Makromolekül bildet, oder ob die Tatsache, daß das Wasser in diesem Bereich eine andere Struktur besitzt als im freien Lösungsmittel, zumindest teilweise für die obengenannte Stabilität der Makromoleküle verantwortlich ist.

Nicht alle experimentellen Methoden, die der Untersuchung des freien Wassers dienen, können in Gegenwart von Makromolekülen verwendet werden, besonders dann nicht, wenn die Makromoleküle ihren eigenen Beitrag geben, z. B. zu den Beugungsdaten. Hier gewinnt die Kernresonanz besonderen Wert, weil hier i. a. die Beiträge der Wasserprotonen von denen des Makromoleküls abgetrennt werden können. Eine ausführliche Übersicht über die experimentellen Methoden zur Untersuchung der Hydrathülle von Makromolekülen und über ihre Aussagekraft geben TUNIS und HEARST [74].

3.1. Nukleinsäuren

Unter Struktur der Nukleinsäuren wird im folgenden die Sekundärstruktur verstanden. In vivo existiert auch eine Tertiärstruktur, die aber in ihren Einzelheiten noch wenig bekannt ist. Es wird hier nur auf die DNS eingegangen: vor allem die Untersuchungen an Monomeren und an Polynukleotiden haben aber auch Bedeutung für die RNS.

Übersichten über die Kräfte, die für die Aufrechterhaltung der Struktur verantwortlich sind, finden sich bei KIT [75], JOSSE und EIGNER [76] sowie FELSENFELD und MILES [77]. Obwohl alle, die an diesen Problemen arbeiten, darin übereinstimmen, daß dabei das Lösungsmittel (also insbesondere Wasser) eine große Rolle spielt, gibt es noch keine Erklärung der Lösungsmittelwirkung, die allgemein befriedigt [77].

W a s s e r s t o f f b r ü c k e n b i n d u n g e n: Ihr quantitativer Beitrag zur Stabilisierung der Doppelhelix ist sehr wahrscheinlich nicht so groß, wie früher angenommen wurde. Zum Beispiel zeigen Versuche an nicht in Lösung befindlicher DNS in Abhängigkeit von der Luftfeuchtigkeit, daß kein Zusammenhang zwischen dem Aufrechterhalten der stabilen Konformation und der Basen—Basen-Bindung über H-Brücken besteht [78]. Neben weiteren experimentellen Befunden [58], [79] sprechen hierfür auch theoretische Untersuchungen [80]. Jedoch scheinen diese

Bindungen ein wesentliches Mittel zu sein, bestimmte Basenpaare zu bilden (dazu aber die Ausführungen unten). Außerdem zeigt sich durch Denaturierungsuntersuchungen, daß die Stabilität der DNS-Doppelhelix mit ihrem prozentualen Guanin-Cytosin-Gehalt steigt. Da G-C-Basenpaare bekanntlich durch 3 H-Bindungen verbunden sind (gegenüber den A-T-Paaren, zwischen denen nur 2 Brücken bestehen), ist damit ein Hinweis auf die Bedeutung der H-Brücken gegeben [75]. Jedoch können auch bei diesem Befund andere Einflüsse eine Rolle spielen [76].

Elektrostatische Kräfte: Im Bereich von pH 5 bis pH 9 ist die DNS ein anionischer Polyelektrolyt. Bei der Denaturierung ist die „Schmelztemperatur" T_m eine lineare Funktion des Logarithmus der Ionenstärke des Lösungsmittels (wachsende Ionenstärke: wachsende thermische Stabilität) [75]. Im Falle der doppelten DNS-Helix werden die elektrostatischen Abstoßungskräfte innerhalb der Helix erst bei einer Ionenstärke von unter 0,1 wirksam; bei sehr niedrigen Ionenstärken ($10^{-4} \cdots 10^{-5}$) und niedriger DNS-Konzentration zerreißt die Doppelhelix spontan. Die Natur der Gegenionen ist wichtig; z. B. ist in Gegenwart von Mg^{++} die Doppelhelix mehr zusammengezogen als in Gegenwart äquivalenter Mengen von Na^+. Mehrwertige Kationen, wie Mg^{++} oder Polyamine steigern die Stabilität der Doppelhelix gegenüber verschiedenen denaturierenden Stoffen vermutlich dadurch, daß die Phosphate in der richtigen Anordnung gehalten werden [76]. Jedoch senken andere Ionen (z. B. Cu^{++}, Cd^{++}, Pb^{++}) die Schmelztemperatur [75]. Der Mechanismus der Wechselwirkung der DNS mit ihren Gegenionen ist bislang noch nicht geklärt [77]. Außerhalb des Bereichs von pH 5 bis pH 9 wird die Ionisierung der Nukleotidbasen bedeutsam, da diese Ladungen die Zerstörung des „base-stacking" (siehe unten) und der H-Bindungen bewirken und dadurch die Bildung der Doppelhelix-Struktur verhindern. Durch extreme pH-Werte wird Denaturierung bewirkt, aber der pH-Wert, bei dem die DNS denaturiert, hängt von der Temperatur und der Ionenstärke ab [76].

„Base-stacking"-Kräfte: Unter diesem Begriff („Basenstapeln") werden die Wechselwirkungen zwischen zwei Dipolen bzw. zwischen einem Dipol und einem induzierten Dipol verstanden, die aus der Wechselwirkung der heterozyklischen Basen untereinander resultieren, wenn sie in der Helix parallel zueinander stehen. Es wird allgemein angenommen, daß ihr Beitrag zur Aufrechterhaltung der Sekundärstruktur sehr bedeutend ist. Die Ausdehnung der durch das base-stacking verursachten Stabilisierung hängt von der Basenzusammensetzung und der Sequenz in der DNS-Kette ab [76].

Hydrophobe Kräfte: Diese bewirken, daß die heterozyklischen Basen auf Grund ihres teilweise unpolaren Charakters in das Innere der Struktur streben, während die polaren Phosphatgruppen an der Oberfläche in die wäßrige Umgebung ragen. Dadurch wird die dem Wasser ausgesetzte Molekülоberfläche ein Minimum [54]. Da das Parallelstellen der Basen die Oberfläche zu einem Minimum macht, erhöhen die hydrophoben Kräfte die Stabilisierung, die durch die „base-stacking"-Kräfte verursacht wird.

Base-stacking und hydrophobe Kräfte werden für die Hauptquellen der Stabilität der Nukleinsäuren angesehen [75], [78], [79], [81], [82]. Das wird z. B. daraus geschlossen, daß für viele Anionen keine Beziehung zwischen ihrer denaturierenden Wirkung und ihrer Fähigkeit, mit den Basen H-Bindungen einzugehen, besteht (entgegen der Annahme, daß die Denaturierung vom Zerreißen der H-Bindungen zwischen den Basen oder auch anderer herrührt) [81]. Außerdem ist die Denaturierungstemperatur von deuterierter DNS identisch mit der von gewöhnlicher DNS [83] (dazu das folgende Kapitel). Es ist eher anzunehmen, daß Anionen (und andere Stoffe) durch Beeinflussung der Struktur des die DNS umgebenden Wassers wirken [84], [81]. Daß die Denaturierung mit einem bestimmten Strukturgrad des Wassers verbunden ist, wird auch von GORDON ausgeführt [85]. ROBINSON und GRANT [86] jedoch schließen aus ihren Untersuchungen, daß die Wirkung bestimmter Anionen stark mit deren Senkung des Aktivitätskoeffizienten (d. h. mit der Steigerung der Löslichkeit) der Basen verknüpft ist. Sie nehmen an, daß diese Senkung durchaus nicht mit einer Änderung der Wasserstruktur verbunden ist, sondern dadurch bewirkt wird, daß die Ionen mit den Basen Komplexe bilden, also durch direkte Wechselwirkung mit den Basen. Dieser Widerspruch konnte bis jetzt noch nicht geklärt werden [77].

Entgegen der allgemein vertretenen Ansicht, daß H-Bindungen nur eine untergeordnete Rolle bei der Stabilisierung der DNS spielen, betont LEWIN [87] deren Bedeutung. Seine „hydrophile“ Theorie besteht darin, daß H-Bindungsdonatoren und -akzeptoren durch Wassermoleküle verbunden sind und daß diese H-Wasser-Brücken insbesondere bei niedrigen Ionenstärken eine bedeutende Rolle spielen.

Sicher summieren sich die obengenannten Kräfte in ihren Wirkungen und der jeweilige Anteil ist unter unterschiedlichen Bedingungen verschieden [88]. Schwierig ist es jedoch, die Wirkung der einzelnen Faktoren voneinander zu trennen. Deshalb spielen Untersuchungen an Monomeren, Oligo- und Polynukleotiden eine große Rolle. Untersucht man Monomere, so kann man z. B. den Einfluß des base-stacking eliminieren. Entsprechende Infrarot- und NMR-Untersuchungen zeigen [89], [90], daß A und T bzw. G und C stärkere Komplexe miteinander bilden als z. B. A mit A und G mit G. Dies weist darauf hin, daß neben geometrischen Gründen in der Helix auch spezifische Anziehungskräfte (z. B. Dipol-Dipol-Wechselwirkungen) für die Komplementarität der Basenpaarung verantwortlich sind. Aus Löslichkeitsuntersuchungen an Monomeren erklärten CONSTANTINO und VITAGLIANO [91] die Tatsache, daß die DNS mit wachsendem CG-Anteil stabiler wird, dadurch, daß die CG-Paare im Wasser schwerer löslich sind als die AT-Paare und damit stärker hydrophob wirken. NÉMETHY [48] berichtet, daß Untersuchungen an Trinukleotiden und an Polyadenylsäure gezeigt haben, daß hier der Hauptbeitrag zur Stabilisierung des base-stacking sicher nicht von hydrophoben Bindungen herrührt, obwohl diese einen wichtigen Beitrag leisten mögen. Untersuchungen an einsträngiger Polycytidylsäure ließen jedoch auf die Bedeutung hydrophober Wechselwirkungen für das base-stacking schließen. Die untergeordnete Rolle der H-Bindungen zwischen den Basen wurde dadurch gezeigt, daß auch in einsträngigen Homopolynukleotiden base-stacking auftritt [92]. Dessen Wirkung kann verstärkt werden durch „senkrechte" H-Bindungen, während Ionenwechselwirkungen nur für mehrsträngige Strukturen eine Rolle spielen [93].

Aus den bisherigen Untersuchungen, von denen die hier genannten nur Beispiele sind, ergibt sich ein noch recht uneinheitliches Bild. Es zeigt sich jedoch, daß weitere Erkenntnisse über die Stabilisierung der DNS-Struktur und die Rolle des Lösungsmittels dabei weniger aus Untersuchungen an natürlich vorkommender DNS, sondern vielmehr aus Modellverbindungen zu erwarten sind.

Zur Untersuchung der Hydrathülle der DNS ist die Kernresonanz eine geeignete Methode. Sie bestimmt die Beweglichkeit der angelagerten Wassermoleküle. Um jedoch deren Zahl zu ermitteln, benötigt man Zusatzannahmen oder Untersuchungen mit anderen Methoden. Aus der Messung der Selbstdiffusionskoeffizienten von H_2O in einer DNS-Lösung bestimmte WANG [94] 0,35 g H_2O pro g DNS als die Wassermenge, die mit der DNS durch eine Lösung wandert. Durch Messung der dielektrischen Relaxationszeit ermittelte EL-SABEH [95], daß die Masse des Wassers, welches so gebunden ist, daß es nicht mehr rotieren kann, $0{,}08 \pm 0{,}04$ g pro g DNS beträgt. (Vergleicht man diesen Wert mit anderen, so muß man die Aussagemöglichkeit der jeweils benutzten Methode berücksichtigen [74]). Ausführliche Untersuchungen wurden von FALK und Mitarbeitern durchgeführt.

Die Masse des Wassers, das von festen Na- und Li-Desoxyribonukleat-Filmen adsorbiert wird, wurde als Funktion der relativen Feuchtigkeit bestimmt. Es wurde gefunden, daß zwei Wassermoleküle fest an jede Phosphatgruppe gebunden sind. Es scheint, daß die Wassermoleküle in Schichten angelagert werden, wobei nur die innersten Moleküle fester gebunden sind als die übrigen. Bei infrarotspektroskopischen Untersuchungen finden sich für hohe Luftfeuchtigkeiten Spektrallinien wie für eine Schicht von flüssigem Wasser (und nicht wie für Eis!). Dadurch wird die Annahme bestätigt, daß das ganze gebundene Wasser außer in der ersten Schicht Eigenschaften wie flüssiges Wasser hat. Alle drei Bausteine der DNS (Phosphatgruppe, Base und Desoxyribose) haben Stellen, an denen Wassermoleküle angelagert werden können. Dabei wird angenommen, daß aus sterischen Gründen die Wassermoleküle nicht zwischen zwei parallel angeordnete Basen der DNS eindringen können. Zwischen 0 und 65% Luftfeuchtigkeit werden die Phosphatgruppen hydratisiert. Bei 65% existieren ca. 5—6 Wassermoleküle pro Nukleotid. Darüber beginnt die Hydratation der Basen, und bei 92% relativer Luftfeuchtigkeit sind insgesamt ca. 20 Wassermoleküle angelagert [78]. Daß die ionisierten Phosphatgruppen die primären Stellen für die Hydratation sind, wurde durch weitere Untersuchungen bestätigt [96], [97].

Die ersten Kernresonanzuntersuchungen der Hydrathülle der DNS wurden 1954 von Jacobson durchgeführt [98]. Der beobachtete Effekt, der auf eine sehr geordnete und ausgedehnte Hydrathülle hindeutete, erwies sich jedoch später als ein Artefakt [5]. So wie von Jacobson wurde auch in den meisten späteren Arbeiten [85], [99], [100], [101] die hochauflösende Kernresonanzmethode benutzt. Die beobachtete Verbreiterung der Linien der Wasserprotonen in Anwesenheit von DNS wurde meist als Hydratationseffekt gedeutet [85]. Balacz [99] schließt jedoch aus seinen Untersuchungen, daß die Linienverbreiterung nicht auf eine Hydratation der DNS zurückzuführen ist. Er weist gleichzeitig darauf hin, daß die Spin-Echo-Methode für solche Fragestellungen geeigneter ist. LUBAS [102] erhält tatsächlich Verkürzungen der Relaxationszeiten T_1 und T_2 und sagt aus, daß die Hydratation für diesen Effekt allein verantwortlich sei. Sie schätzt die Menge des Wassers, welches so gebunden ist, daß es nicht mehr rotieren kann, mit 0,1 g H_2O/g DNS. Als Korrelationszeit (Umorientierungszeit) der Protonen in der Hydrathülle, welche ein Maß für die rotatorische Beweglichkeit der Wassermoleküle bildet, wurden $1{,}2 \cdot 10^{-8}$ sec ermittelt. Das würde eine ziemlich feste Hydrathülle bedeuten. Durch eine genaue Analyse der Einflüsse, die zu einer Verkürzung der Relaxationszeit beitragen, konnten SPRINZ, DÖLLSTÄDT und HÜBNER [103] jedoch zeigen, daß der Einfluß paramagnetischer Ionen in der DNS-Probe mit einem Proteingehalt von 2% einen möglichen Hydratationseffekt völlig überlagert. Dies bestätigt Untersuchungen von EISINGER [104]. Darüber hinaus wurde eine mittlere Verweilzeit $\tau_c < 1{,}5 \cdot 10^{-10}$ sec errechnet [103], was bedeutet, daß die Beweglichkeit der Wassermoleküle in der Hydrathülle um weniger als zwei Größenordnungen kleiner ist als die der freien Wassermoleküle. Dabei wurden für die Menge des angelagerten Wassers 0,2 g H_2O/g DNS angenommen. Die Kernresonanz hat also bis jetzt trotz der gut ausgearbeiteten Theorie und trotz ihrer Erfolge z. B. bei der Aufklärung der Struktur der Hydrathülle stark hydratisierter Ionen über das an Makromolekülen angelagerte Wasser noch keine bestimmten Aussagen geliefert. Ein Nachteil bei ihrer Anwendung ist, daß mit sehr stark konzentrierten Lösungen gearbeitet werden muß. Bei DNS-Konzentrationen >0,1% ist jedoch Aggregation zu befürchten (insbesondere bei höherem Protein-Gehalt), wodurch der Austausch des am einzelnen DNS-Molekül angelagerten Wassers mit dem Lösungsmittel erschwert ist.

Mit Hilfe von kalorimetrischen Daten zeigen PRIVALOV und MREVLISHVILI [105], daß im denaturierten Zustand die Hydratation der DNS (wie auch von Proteinen) größer ist als im nativen Zustand. Das widerspricht allen von anderen Autoren mitgeteilten Messungen, die auf eine Abnahme der Hydratation bei der Denaturierung hindeuten, doch ist noch nicht klar, ob dieser Widerspruch nur auf die verschiedenen Meßmethoden zurückzuführen ist, die ja jeweils verschiedene Faktoren messen.

Die bisherigen Ergebnisse an fester DNS und an DNS in Lösung kann man in folgender Weise zusammenfassen [74]: Eine sehr geringe Wassermenge, ein oder zwei Moleküle pro Nukleotid, ist sehr fest an die DNS gebunden. Dann existiert eine Wasserschicht, bis zu einem Molekül dick, welche noch so stark gebunden ist, daß sie mit dem DNS-Molekül als eine hydrodynamische Einheit transportiert wird. Darüber hinaus folgt eine Wassermenge, die zwar nicht mehr direkt gebunden ist, sich aber in ihrem Löslichkeitsvermögen für Salze von dem „freien" Wasser unterscheidet.

3.2. Proteine

Die Wechselwirkung zwischen Proteinmolekülen und Lösungsmittel kann näherungsweise als Summe der Einzelbeiträge der verschiedenen Arten von Seitenketten betrachtet werden. Dabei braucht die Hauptkette nicht näher berücksichtigt zu werden, da sie meist nicht mit dem Lösungsmittel Kontakt hat. Folgende Gruppen spielen eine Rolle [106] (die Liste gilt für etwa pH 7):

G e l a d e n e G r u p p e n: Amino- und Carboxylendgruppen; Endgruppen von Arginin, Lysin-, Histidin-, Glutaminsäure- und Asparaginsäureseitenketten.

A p o l a r e (h y d r o p h o b e) G r u p p e n: Alanin, Valin, Leucin, Isoleucin, Prolin, Phenylalanin, Tyrosin, Tryptophan, Methionin, Cystin, Cystein sowie die Kohlenwasserstoffteile von Arginin, Lysin, Asparagin- und Glutaminsäure.

U n g e l a d e n e p o l a r e S e i t e n k e t t e n: Asparagin,

Glutamin, Serin, Threonin. Wenn saure oder basische Seitenketten bei bestimmten pH-Werten ungeladen sind, können sie u. U. in diese Gruppe eingereiht werden.

Die dreidimensionale Struktur eines Proteins muß im Prinzip aus der Aminosäuresequenz hergeleitet werden können [107]. Dazu ist nötig, daß die spezifischen Wechselwirkungen der einzelnen Seitenketten mit dem Wasser sowie deren jeweilige Bedeutung für die Proteinstruktur bekannt sind. Die Beurteilung der Rolle der einzelnen Bindungsarten hat sich im Laufe der Zeit geändert; die Lage ist hier etwa so wie bei den Nukleinsäuren.

Wasserstoffbrückenbindungen: Diese können zwischen den Peptidgliedern (zwischen dem O-Atom der Carboxylgruppe und dem H-Atom der Amidgruppe) sowie zwischen den Seitenketten, die als H-Bindungsdonatoren und -akzeptoren dienen können, eingegangen werden. Dazu führt Klotz [72] aus, daß die H-Bindungen zwischen Peptidgruppen nicht die treibende Kraft sein können, eine ausgedehnte Peptidkette zu einem globulären Protein aufzufalten. Diese Bindungen unterscheiden sich in ihrer Energie zu wenig von denen, die in der gestreckten Konformation zwischen dem Lösungsmittel und den polaren Gruppen eingegangen werden. Die H-Bindungen gewinnen erst Bedeutung, wenn die Auffaltoperation durch die apolaren Bindungen bereits eingeleitet ist. Der Auffaltprozeß wird einige der Bindungen zwischen Lösungsmittel und polaren Gruppen zerreißen. Es ist energetisch zu ungünstig, die H-Bindungs-Tendenz dieser Gruppen unabgesättigt zu lassen. In der aufgefalteten Konformation werden soviel wie möglich Donator- und Akzeptorgruppen paarweise verbunden sein. Die stark gerichtete Wirkung der H-Bindungen legt den möglichen Konfigurationen starke Beschränkungen auf. Durch die α-Helix können diese Anforderungen verwirklicht werden.

Ionenbindung und elektrostatische Kräfte: Ionenbindungen (Bindungen zwischen positiv und negativ geladenen Gruppen) werden in ihrer Bedeutung für die Proteinstruktur etwa ähnlich eingeschätzt wie die H-Bindungen [70], [72], [73]. KLOTZ [72] betont, daß hier die gleichen Überlegungen geltend gemacht werden müssen wie bei den Wasserstoffbrückenbindungen, da die Ion-Dipol-Wechselwirkungen zwischen den Ionengruppen und dem Wasser ziemlich stark sind. Allerdings haben die Ionenbindungen keine Richtwirkung.

In den letzten Jahren wurde die apolare Bindung am meisten diskutiert. Die apolaren Seitenketten können untereinander und mit den α-Kohlenstoffatomen der Hauptkette hydrophobe (apolare) Bindungen eingehen. Zusätzlich können die nichtpolaren Gruppen mit nichtpolaren Teilen polarer Seitenketten in Wechselwirkung treten und so die Stärke von H-Bindungen vergrößern, an denen die polare Gruppe teilhat [69]. Über die Einzelheiten dieser hydrophoben Bindung sowie über die Struktur des Wassers in der unmittelbaren Umgebung der apolaren Gruppen bestehen unterschiedliche Auffassungen: auf der einen Seite die Ansichten von KAUZMANN [70], NÉMETHY [48], SCHERAGA [71] und RICHARDS [73], auf der anderen die von KLOTZ [72]. Dies wurde schon in Abschnitt 2.3. ausgeführt. Nach RICHARDS [73] können die Wasserschichten um eine Kohlenwasserstoffgruppe zwar einige Ähnlichkeit mit den Gashydratkäfigen, aber nicht die gleiche Stabilität haben. Die Kohlenwasserstoffgruppe ist an der einen Seite an das Protein gebunden und an der anderen Seite der BROWNschen Bewegung der freien Wassermoleküle ausgesetzt. Daher erscheint die Existenz kompletter Käfige an der Oberfläche von Proteinen unwahrscheinlich. Andererseits gibt es Proteine, die Zwischenräume zwischen den Seitenketten haben, wobei diese Zwischenräume meist mit Wasser ausgefüllt sind. Wenn dorthinein unpolare Gruppen ragen, kann eine dreidimensionale stabile Wasserstruktur resultieren [73].

Hydrophobe Bindungen können eine Rolle bei der Assoziation von Proteinen und anderen Makromolekülen spielen. Beispiele hierfür sind die Proteine des Tabakmosaikvirus und Biokolloide [71]. Im Gegensatz dazu stehen faserige Moleküle, bei denen zwischenmolekulare H-Bindungen gebildet werden [67], [68]. Die Messungen von SCHNELL [107a] ergeben jedoch, daß für die Stabilität von Kollagen die hydrophobe Bindung eine ähnliche Bedeutung besitzt wie die H-Bindungen.

Auf Grund der Eigenschaften der Peptidgruppen und des Vorhandenseins unpolarer Ketten in den Proteinen ist es wahrscheinlich, daß die hydrophoben Bindungen sowie die H-Bindungen zwischen den Peptidgliedern für die Konformation der Proteinmoleküle am wichtigsten sind. Doch viele Eigenschaften der Proteine hängen sicher von der Struktur in bestimmten Regionen des Moleküls ab, und diese Strukturen mögen gut von sonst mehr oder weniger überflüssigen Bindungen bestimmt sein [70]. Außerdem sinkt mit fallender Temperatur der Beitrag der hydrophoben Bindung, und die H-Bindungen werden stabiler [108].

Die Frage, welche Faktoren eine Bedeutung für die Stabilisierung von Proteinstrukturen haben, spielt eine Rolle bei der Diskussion der Denaturierung von Proteinen. Da viele Jahre hindurch hauptsächlich die H-Bindungen für die Stabilisierung verantwortlich gemacht wurden, sollte die Wirkung denaturierender Stoffe, wie z. B. Harnstoff und Guanidiniumchlorid darauf beruhen, daß sie in der Lage sind, mit den intramolekularen Wasserstoffbrücken der Peptidgruppen eines Proteins in Konkurrenz zu treten. Jetzt wird die Wirkung dieser Stoffe eher auf eine Störung der Wechselwirkung Makromolekül—Lösungsmittel [109], speziell auf die Schwächung hydrophober Bindungen, zurückgeführt [48], [110]. VON HIPPEL und WONG [84] untersuchten die Wirkung verschiedener Salze auf sehr unterschiedliche Makromoleküle, wie Ribonuklease, Kollagen, DNS und Myosin und stellten fest, daß diese Salze in sehr ähnlicher Weise auf die verschiedenen Moleküle wirken. Danach soll die denaturierende bzw. stabilisierende Wirkung auf sehr allgemeinen Einwirkungen auf die Wasserstruktur beruhen, die wiederum eine Änderung der Wechselwirkung Lösungsmittel — gelöster Stoff bewirken. Wie bei der DNS wird auch für Proteine von JENCKS [111] und ROBINSON [86] der Mechanismus einer direkten Einwirkung der Ionen auf das Makromolekül vertreten.

Die Menge des Wassers, das vor allem durch die elektrostatischen Kräfte zwischen den geladenen Seitengruppen und den Wasserdipolen gebunden bzw. dessen ursprüngliche Struktur gestört wird, beträgt etwa 0,2 bis 0,5 g Wasser pro g Protein. Diese Werte wurden bestimmt, indem man die Wassermenge ermittelte, die durch anfänglich trockene Proteine adsorbiert wurde, oder indem man in einer Proteinlösung bestimmte, welcher Teil des Lösungsmittels noch für die Lösung von Salzen zur Verfügung steht [112]. Natürlich muß beim Vergleich verschiedener Zahlen die jeweils benutzte Meßmethode berücksichtigt werden. FISHER [113] versucht, den genannten Wert aus der Aminosäurezusammensetzung des Proteins zu errechnen. Ausgegangen wird davon, daß polare Gruppen eine sehr begrenzte Löslichkeit im Innern eines löslichen Proteins und nichtpolare Gruppen eine sehr begrenzte Löslichkeit in der äußeren Hülle eines solchen Moleküls haben. Also begrenzt die Aminosäurezusammensetzung selbst Größe und Gestalt eines Proteinmoleküls. Nimmt man an, daß jedes Proteinmolekül mit einer monomeren Wasserschicht bedeckt ist, so erhält man 0,28 g $\pm 8\%$ gebundenes Wasser pro g Protein. Aussagen über die Struktur der Hydrathülle erhält man z. B., wenn man die Frequenzabhängigkeit der Dielektrizitätskonstante und der Leitfähigkeit von Proteinlösungen bestimmt. Nach den Messungen von SCHWAN [114] scheint die Festigkeit der Hydrathülle zwischen der des Eises und des Wassers zu liegen. Das bedeutet hier, daß die dielektrischen Relaxationszeiten der gebundenen Wassermoleküle zwischen denen von Eis und von flüssigem Wasser liegen. Aus Leitfähigkeitsmessungen wird die Hydratation von Hämoglobin in 20-Gew.%iger Hb-Suspension bestimmt zu $0,3 \pm 0,1$ g Wasser pro g Hb. Das Ergebnis, daß die Festigkeit der Hydrathülle zwischen der des Eises und der des Wassers liegt, wird durch Untersuchungen von GRANT [115] an Proteinen, Peptiden und Aminosäuren bestätigt. Aus der Abhängigkeit der Relaxationszeit von der Temperatur wird die Aktivierungsenergie für die gebundenen Wassermoleküle errechnet (16 $\pm$ 5 kcal/Mol), welche höher als für freies Wasser liegt (4 kcal/Mol). Messungen elektrischer Eigenschaften sind jedoch mit Vorsicht zu betrachten, da störende Einflüsse nur schwer eliminiert werden können.

In einem Teil der Veröffentlichungen über Kernresonanzuntersuchungen an Proteinen wird versucht, Aussagen über das Wasser in der Hydrathülle der Eiweiße zu machen. Die Messungen von BERENDSEN wurden schon in Abschnitt 2.2. erwähnt. DASZKIEWICZ und Mitarbeiter [116] fanden eine Verkürzung der Relaxationszeiten in Eialbuminlösungen. Dies soll durch einen Anstieg der Korrelationszeit eines Teils der Wassermoleküle verursacht werden. Sie berechnen, daß 0,02 g Wasser pro Gramm Protein so gebunden sind, daß es nicht mehr rotieren kann. GLASEL [117] findet überhaupt kein derartiges Wasser. BLEARS und DANYLUK [118] untersuchten die Temperaturabhängigkeit der longitudinalen Relaxationszeit. Bei der Denaturierung der Proteine (Ribonuklease und Serumalbumin) steigt die Relaxationszeit an, was dadurch hervorgerufen werden soll, daß die größere Flexibilität der Seitenketten die Lokalstruktur des Hydratwassers zerstört. KRÜGER [119] deutet seine Messungen so, daß ein „Erstarren“ des Wassers an der Oberfläche der Proteine, zumindest bei niedrigen Temperaturen, nicht auszuschließen ist. Jedoch zeigen ABEZEDARSKAJA und Mitarbeiter [120], daß die auftretenden Verkürzungen der Relaxationszeiten nicht mit einer einfachen Hydratation zu deuten sind. Ähnlich wie bei den Untersuchungen von SPRINZ [103] an DNS-Lösungen wurde die Spin-Echo-Methode benutzt und die auftretenden Wechselwirkungen durch die Verwendung von H_2O/D_2O-Gemischen analysiert.

Da die Proteine eine kompliziertere Struktur als die

DNS haben, sind auch schwerer Aussagen über die Hydratation zu machen. Grob gesagt ergibt sich aber aus den bisherigen Untersuchungen eine Schichtenfolge der Hydrathülle, wie sie am Ende des DNS-Abschnittes skizziert wurde. FULLER [121] gibt für die Anteile Zahlen, die er durch NMR-Messungen des an trockenen Rinderserumalbumin adsorbierten Wassers ermittelt hat.

4. Das Verhalten biologischer Makromoleküle im schweren Wasser

Untersuchungen an Makromolekülen in D_2O haben zweierlei Bedeutung. Einmal dienen sie zur Deutung der Isotopieeffekte, die in späteren Kapiteln des Buches behandelt werden. Dazu reichen die bisherigen Ergebnisse jedoch noch nicht aus. Zum anderen dient D_2O als Hilfsmittel für die Erzielung spezieller experimenteller Bedingungen [103], [117], [122], [123].

Nach dem bisher Ausgeführten ist anzunehmen, daß vor allem dann Unterschiede im Verhalten biologischer Makromoleküle im schweren Wasser gegenüber dem im normalen bestehen, wenn sich die Stärke der hydrophoben Wechselwirkung und die Stärke der Wasserstoffbrückenbindung bei Isotopensubstitution ändern. Der Unterschied zwischen der H- und der D-Bindung wurde in Abschnitt 1.7. bereits erwähnt. In dem Maße, wie H-Bindungen eine Rolle bei der Stabilisierung von makromolekularen Strukturen spielen, wird sich dieser Unterschied bei der Untersuchung von Makromolekülen im schweren Wasser bemerkbar machen. Untersuchungen über das Verhalten apolarer Gruppen in D_2O wurden von SCHERAGA und Mitarbeitern im Anschluß an das Strukturmodell von NÉMETHY und SCHERAGA durchgeführt. Versuche von KRESHEK u. a. [124] zeigen, daß geringe Unterschiede in der Löslichkeit von Kohlenwasserstoffen in

H_2O und D_2O bestehen. Weiter zeigen die Ergebnisse, daß die hydrophobe Bindung von Kohlenwasserstoffen in H_2O stärker ist als in D_2O, während für die nichtpolaren Seitenketten der Aminosäuren das Umgekehrte gilt. Da Aminosäuren bessere Modelle für Proteinseitenketten sind als Kohlenwasserstoffe, kann man annehmen, daß die hydrophobe Bindung der nichtpolaren Seitenketten der Proteine in D_2O etwas stärker ist als in H_2O. MUKERJEE [125] führte Untersuchungen über hydrophobe Bindung in D_2O durch. Da bei gegebener Temperatur D_2O mehr Struktur als H_2O zeigt, wird erwartet, daß die Mizellbildung, bei der die Wasserstruktur wahrscheinlich eine große Rolle spielt, wesentlich beeinflußt wird. Experimentell wurde die kritische Mizellkonzentration von Natriumdecyl- und -Laurylsulfaten in H_2O und D_2O bestimmt. Daraus ist zu schließen, daß in D_2O stärkere hydrophobe Wechselwirkung herrscht, wenn auch der Unterschied nur klein ist.

CALVIN u. a. [126] untersuchten die Auswirkung der Substitution von H durch D auf den Helix-Coil-Übergang eines synthetischen Polypeptids in einem organischen Lösungsmittel. Es zeigt sich, daß dabei beim thermischen Übergang die Helix-Form bevorzugt ist; die Übergangstemperatur wird um 11 °C gesenkt, wobei zu beachten ist, daß die Helix in diesem Fall die bei höheren Temperaturen stabile Form ist. KARASZ und O'REILLY [127] unterzogen diesen Vorgang einer genaueren thermodynamischen Analyse. APPEL und YANG [128] untersuchten die Denaturierung zweier Polypeptide (Poly-L-glutaminsäure und Poly-L-lysin) als Funktion des pH- bzw. pD-Wertes bei gegebener Temperatur. Es ergibt sich die Differenz (pH − pD) $\sim 0{,}6$, d. h. im sauren Bereich scheinen die Polypeptide in H_2O und im alkalischen Bereich in D_2O stabiler zu sein. Wenn man die Denaturierung jedoch auf den Grad der Dissoziation bestimmter Seitengruppen bezieht, dann ergibt sich, daß die Daten für D_2O und H_2O zusammenfallen. Die deuterierten Helices der beiden Polypeptide scheinen in D_2O die gleiche Stabilität zu haben wie die Normalform in H_2O.

Für die Denaturierung eines Proteins, Ribonuklease, fanden HERMANS und SCHERAGA [129], daß die „Schmelztemperatur“ T_m in D_2O 4,2 °C höher liegt als in H_2O; D_2O scheint also die native Konformation gegen Hitze zu stabilisieren. BERNS [130] fand durch immunochemische Methoden, daß deuterierte Proteine und die entsprechende Normalform in der Primär-, Sekundär- und Tertiärstruktur identisch sind. Thermische Denaturierung [131] ergab jedoch ein verwickeltes Bild. Im gleichen Lösungsmittel (H_2O bzw. D_2O) denaturiert jeweils die deuterierte Form bei niedriger Temperatur. Vergleicht man jedoch die Lösungsmittel, so sind beide Formen jeweils in D_2O stabiler als in H_2O. Die Struktur des Kollagens, an deren Zustandekommen vor allem H-Bindungen beteiligt sind, ist in D_2O stabiler als in H_2O [132]. APPEL [133] und Mitarbeiter berichten von Untersuchungen an Myoglobin. Über die pH-Abhängigkeit der Denaturierung kamen sie zu den gleichen Ergebnissen wie bei den Versuchen an Polypeptiden.

Die infrarotspektroskopische Untersuchung wäßriger Lösungen von Makromolekülen bereitet Schwierigkeiten, da H_2O in dem Frequenzbereich, in dem die interessierenden Spektrallinien auftreten, selbst starke Absorption zeigt. MILES [122] untersuchte deshalb das IR-Spektrum der DNS in D_2O, da D_2O gegenüber H_2O ein „Fenster“ im Gebiet der Doppelbindungsabsorption besitzt. (Über eine Reihe ähnlicher Untersuchungen an Proteinen berichten zusammenfassend TIMASHEFF und GORBUNOFF [134]. FRITZSCHE [135] führte infrarotspektroskopische Untersuchungen des Helix-Coil-Überganges der DNS in D_2O durch). Um die Ergebnisse auf H_2O übertragen zu können, verglich MILES die thermische Denaturierung synthetischer Polynukleotide in H_2O und D_2O. Es wurde kein Unterschied in der Denaturierungstemperatur festgestellt. Auch die Untersuchungen von MAHLER u. a. [83] sowie von CRESPI und KATZ [137] an DNS zeigten das gleiche Ergebnis. Insbesondere CRESPI und KATZ stellen vollständige Identität der thermischen Denaturierungskurven von gewöhnlicher DNS in H_2O und in D_2O, sowie von deuterierter DNS in H_2O und D_2O fest. Bei einer Ionenstärke von 10^{-3} M jedoch fand MAHLER einen sichtbaren Unterschied in der Denaturierungstemperatur für RNS-Proben. GORDON [85] bestätigt die Beobachtungen, daß die Ersetzung von H_2O durch D_2O als Lösungsmittel keine sichtbare Wirkung auf die Denaturierung von DNS-Molekülen hat. Kernresonanzuntersuchungen zeigen den gleichen Strukturgrad der H_2O- und der D_2O-Lösung.

GRECHKO u. a. [138] untersuchten die Denaturierung der DNS genauer. Es zeigte sich keine Differenz in der Denaturierungstemperatur, wenn die Denaturierung durch Änderung der UV-Absorption gemessen wurde. Wurde sie jedoch durch Viskositätmessungen verfolgt, so ergab sich eine Erhöhung der „Schmelztemperatur" im schweren Wasser bei pH 7. Bei pH 3 geschieht die Denaturierung im D_2O bei niedrigeren Temperaturen als im H_2O. Die Denaturierung der DNS bei extremen pH-Werten wird auf die Dissoziation der $-NH_2$- und der $-NH-CO$-Gruppen in stark sauren oder alkalischen Lösungen zurückgeführt. Da jedoch gewöhnlich diese Bedingungen nicht im lebenden Organismus bestehen, ist es zweifelhaft, daß die beobachtete Eigenschaft der genannten Gruppen einen Einfluß auf den Replikationsprozeß im lebenden Organismus hat. MASLOVA u. a. [139] berichten, daß für $pH < 6$ die DNS in H_2O thermisch stabiler ist (bzw. daß bei konstanter Temperatur die Deuterierung bei niedrigeren pH-Werten erfolgt), während für $pH > 8$ die DNS in D_2O stabiler ist. EVDOKIMOV und VARSHAVSKY [140] berechnen für den Denaturierungsvorgang die thermodynamischen Größen ΔH und ΔS: sie unterscheiden sich für H_2O und D_2O praktisch nicht. Daraus wird die Schlußfolgerung gezogen, daß die H-Bindungen nur wenig zur Stabilisierung der DNS beitragen.

Nach dem Konzept von LEWIN sollen H-Brücken eine große Rolle bei der Stabilisierung der DNS-Sekundärstruktur spielen. Da D-Brücken stärker sind als H-Brükken, müßte die Ersetzung von H_2O durch D_2O eine Erhöhung der Helix-Stabilität zur Folge haben. Daß MAHLER und CRESPI dieses nicht bestätigt haben, führt LEWIN darauf zurück, daß deren Versuche bei ziemlich großer Ionenstärke (10^{-1}) durchgeführt wurden, denn dabei soll der Effekt sehr klein sein. Bei niedrigen Ionenstärken (10^{-3}) und im pH-Bereich von 4,5 bis 7,5 fand LEWIN einen Anstieg der Denaturierungstemperatur in D_2O gegenüber H_2O [141], [142], [143]. Auch EVDOKIMOV u. a. [144] fanden, daß im Bereich niedriger Ionenstärken im D_2O die Denaturierungstemperatur T_m höher liegt als im H_2O. Sie führen das darauf zurück, daß bei diesen Ionenstärken bereits im Bereich von pH 7 die Ionisationskonstanten der funktionellen Gruppen der DNS-Basen in H_2O und D_2O deutliche Unterschiede aufweisen.

VASILESCU [145] bestimmte die Dielektrizitätskonstante von DNS-Lösungen in Abhängigkeit von der Temperatur bei 1 MHz und pH 7. Die Isotopensubstitution ändert das dielektrische Verhalten nur wenig. FALK [146] fand, daß die UV-Spektren von nativer und denaturierter DNS in H_2O und D_2O-Lösung jeweils identisch sind.

5. Die Struktur des Wassers in der Zelle

Die Struktur des Wassers in der Zelle spielt eine Rolle bei der Erklärung bestimmter Zellfunktionen, z. B. der selektiven Ansammlung bzw. des selektiven Ausschlusses von Stoffen sowie der Erzeugung bioelektrischer Potentiale. HECHTER [147] gibt einen Überblick über die beiden Grundkonzeptionen, die zu diesen Erscheinungen existieren.

A) Die Stoffselektion geschieht fast ausschließlich an einer dünnen Lipoproteinmembran, die die Zelle umgibt. Dabei wird der Zustand des Wassers inner- und außerhalb der Zelle als gleich angenommen (nur ein Teil des Zellwassers ist an Ionen oder Makromoleküle gebunden). Die Proteine in der Zelle können zwar Stoffe binden, aber nicht selektiv. Stellen, an denen eine Stoffselektion stattfindet, finden sich nur in der Membran. Passiver Stofftransport wird durch Kanäle mit selektiven Valenzen, aktiver durch „Membranpumpen" (Umwandlung von Stoffwechselenergie in osmotische Arbeit) erklärt.

B) Selektive Bindung geschieht in der gesamten Zelle. Wasser, Ionen und Biopolymere in der Zelle bilden ein einheitliches, hochgeordnetes System, welches so angeordnet ist, daß verschiedene Typen selektiver Bindung existieren. Die Zellstruktur wird als gitterförmig angesehen, wobei sich das Zellwasser in seiner Struktur vom freien Wasser unterscheidet. Im Gegensatz zur Membrantheorie müssen selektive Bindungen in stöchiometrischer Anzahl vorhanden sein.

Nach HECHTER können die Verfechter beider Konzepte jeweils starke experimentelle Gründe vorbringen, aber keines wird in unveränderter Form aufrechterhalten werden können. Die Widersprüche können zum Teil wahrscheinlich durch die Entdeckung beseitigt werden, daß Membransysteme in der gesamten Zelle existieren.

Man nimmt an, daß alle diese Membranen die gleiche Grundstruktur mit zusätzlichen speziellen Einheiten besitzen. Die Membranen teilen das Zellinnere in einzelne Abteilungen, liefern den festen Rahmen für die genaue Anordnung der aktiven funktionalen Einheiten der Zelle und steuern den Fluß der niedermolukularen Stoffe.

Der Feinbau der Zelle bestimmt auch die Struktur des Wassers in der Zelle (wobei natürlich Wechselwirkungen bestehen, so wie sich gezeigt hat, daß Makromoleküle im Wasser nicht jede beliebige räumliche Struktur annehmen können). Unwahrscheinlich ist, daß das Zellwasser eine einheitliche Struktur hat, wie in den beiden oben geschilderten Konzepten angenommen wird. In der Säugetierzelle können folgende Wasserstrukturen möglich sein:

a) Wasser innerhalb der Membranstruktur;

b) Eine oder mehrere Wasserschichten in direktem Kontakt mit ausgedehnten makromolekularen Oberflächen und mit Außenflächen von Membranen;

c) Wasser zwischen paarigen Membransystemen;

d) Wasser in den Organellen oder zwischen den Nukleo-Protein-Komponenten des Kerns;

e) Wasser im Hyaloplasma zwischen den verschiedenen Zellorganellen.

Bei pflanzlichen Zellen kommt hierzu noch das in der Vakuole befindliche Wasser.

Dazu einige Erläuterungen:

Zu *e*): Die Struktur dieses Wassers entspricht am ehesten der, die im obigen Fall *A*) für das Zellinnere vorgeschlagen wird (Wasser entweder frei oder an Proteine gebunden).

Zu *a*): Mit *b*) zusammen entspricht die hier diskutierte Wasserstruktur am ehesten der des Konzeptes *B*). Es wird angenommen, daß das Wasser im geordneten Lamellarsystem der Membranen ebenfalls stark geordnet ist. Die Ordnung wird hergestellt durch die polaren Gruppen der Protein- und Lipidkomponenten der Membran. Fernandez-Moran [148] nimmt an, daß das Wasser entweder „eisartig" oder kristallähnlich ist, um eine Rolle bei den strukturellen und funktionellen Prozessen der Membran zu spielen. Z. B. kann eine lokale reversible Phasenänderung in der geordneten Wasserstruktur die mechanische Basis für Formationsänderungen der Proteinschichten liefern und damit die Anordnung der polaren Lipide von geordneten bimolekularen Blättchen zu einer weniger dicht gepackten mizellaren Form ändern. Die Phasenänderungen der Membran können sich ausbreiten, wenn die Wasserstruktur sich reversibel ändert; damit existiert eine molekulare Basis für die Ausbreitung einer lokalen Störung. Selektive Permeabilität kann durch molekulare Siebe, die mit dem geordneten Wasser verbunden sind, erklärt werden; Permeabilitätsänderungen ergeben sich durch „Schmelzen“ der Wasserstrukturen in bestimmten Bereichen [147]. Die genauere molekulare Struktur des geordneten Wassers ist unbekannt. HECHTER [149] versucht, die Wasserstruktur in der äußersten Membranschicht und an der Membranoberfläche aufzuklären (vgl. Abschnitt 6.). Er geht davon aus, daß die Wasserstruktur von der Membranstruktur bedingt wird (dies setzt voraus, daß man die Wechselwirkungen der verschiedenen Gruppen mit dem Wasser kennt). Während der Bau der Lipidschicht der Membran einigermaßen bekannt ist, fehlen weitgehend Unterlagen für die Proteinschicht. HECHTER vermutet, daß das Modell von WARNER [150] eine geeignete Basis für die Bildung der Proteinschicht der Membran ist. Er versucht zu zeigen, wie man von diesem Konzept aus ein Membranmodell bauen kann, das verschiedene Aspekte und Funktionen zusammenfaßt.

Zu *b*): An der Oberfläche ausgedehnter Makromoleküle, an der Oberfläche von Membranen oder struktureller Fasern kann das Wasser in Gittern angeordnet sein, die durch H-Bindungen stabilisiert werden (Abschnitt 2.2.). Die Natur dieses Wassers wird von den polaren und unpolaren Oberflächengruppen, die der wäßrigen Umgebung ausgesetzt werden, abhängen. Während HECHTER [147] an den Membranoberflächen noch mehrere Schichten eisähnlichen Wassers für möglich hält, kommt KAVANAU [5] zu dem Schluß, daß auch hier, wie bei Nukleinsäuren und Proteinen, die bisherigen Versuchsergebnisse gegen eine weiterreichende Immobilisierung der Wassermoleküle sprechen.

Eine der Theorien, die das gesamte Zellinnere für die Stoffselektivität der Zelle verantwortlich machen (mit einheitlicher Wasserstruktur im Zellinnern) ist die „assoziation-induction-hypothesis“ von LING [151], [152], [153]. Danach existieren fast alle Wassermoleküle in der lebenden Zelle als polarisierte Mehrschichten, die um die Oberfläche der Zellproteine orientiert sind. (Es existiert also praktisch kein freies Wasser). Zum Unterschied von stabilen unbelebten Systemen existieren aber die Protein-Wasser-Systeme in der Zelle in mehreren metastabilen Gleichgewichtszuständen. Fest lokalisierte Bindungen binden Ionen und Nichtelektrolyte selektiv. In ähnlicher Weise nimmt TRINTSCHER [49], [154] ein hochgeordnetes Protein-Wasser-System im Innern der Zelle an. Jedoch referiert STOECKENIUS [155] neuere Versuche, die stark gegen dieses Konzept sprechen. Es gelang nämlich, aus Erythrozyten bzw. Nervenfasern den Zellinhalt zu entfernen und durch wäßrige Lösungen bekannter Zusammensetzung zu ersetzen. Die der Membran zugeschriebenen Eigenschaften intakter Zellen waren auch in diesen „leeren" Zellen nachweisbar. Außerdem sprechen die in Kapitel 3. dargelegten Ergebnisse gegen die Grundlagen dieses Konzepts.

Bevor man nicht wesentlich mehr über die Mikrostruktur der Zelle weiß, kann man über die Frage der Wasserstruktur in der Zelle zu keiner Klärung kommen [156]. Vom physikalischen Standpunkt aus gesehen ist es gut, die Zahl der Veränderlichen in einem Versuch begrenzt zu halten, das heißt, an möglichst einfachen, überschaubaren Systemen zunächst Untersuchungen durchzuführen. An vollständigen, intakten Zellen die Struktur des Wassers zu untersuchen, ist daher schwierig und z. Zt. kaum erfolgversprechend. Allerdings bietet die Kernresonanz die Möglichkeit, Messungen vorzunehmen, ohne die Zelle zu beschädigen. Ihre Einsatzmöglichkeit hängt dann stark von der speziellen Fragestellung und dem untersuchten Objekt ab. CERBON [157] untersuchte intakte Mikroorganismen (*Nocardia asteroides*). Er stellte eine Linienverbreiterung fest, die er auf die begrenzte Beweglichkeit des Zellwassers zurückführt, d. h. das Wasser hat andere physikochemische Eigenschaften als das freie Wasser. Nach den Erfahrungen mit DNS- und Proteinlösungen muß man aber auch hier paramagnetische Ionen oder andere Wechselwirkungen, z. B. Protonenaustausch zwischen Makromolekülen und Wasser, mit in Betracht ziehen. Ähnliche Untersuchungen führten Koga u. a. [158] an teilweise getrockneten Hefezellen durch. Das Problem bei derartigen Untersuchungen besteht darin, bestimmte Wasserstrukturen in der Zelle zu lokalisieren und, vor allem, zu quantitativen Aussagen über die Wasserstruktur zu gelangen. Dies ist jedoch kaum möglich, bevor nicht die Probleme aus Abschnitt 2 und 3 (Wechselwirkungen des Wassers mit Molekülgruppen bzw. Molekülen) geklärt sind. Der Strukturübergang Wasser—Eis beim Gefrieren kann allerdings mit der Kernresonanz in der intakten Zelle ohne Komplikationen genau verfolgt werden [159].

6. Die Struktur biologischer Membranen

Die Ergebnisse zahlreicher zum Teil bereits Ende des vorigen Jahrhunderts durchgeführter physiologischer Experimente sprechen für die Existenz von Strukturen, die den Zellinhalt einschließlich des Protoplasmas nach außen hin abgrenzen. Daher wurde das Vorhandensein von Membranen postuliert. Mit Fortschreiten der morphologischen und cytologischen Forschung unter Einsatz des Elektronenmikroskops zeigte sich, daß auch im homogen erscheinenden Protoplasma zahlreiche Strukturen nachweisbar sind. Bei den Zellelementen wie Plastiden, Mitochondrien, Kernen, Golgiapparat, endoplasmatischem Retikulum u. a. sind ebenso wie bei der äußeren Begrenzung der Zelle Membranstrukturen nachweisbar. Alle diese Membranen zeigen nach Fixierung im Elektronenmikroskop ein gleichartiges Aussehen, eine dunkle Doppellinie mit hellem Zwischenraum. Die Dicke einer solchen Einheit beträgt etwa 70 bis 100 Å. Auf Grund dieser Einheitlichkeit des Aussehens wurde von Robertson [160] der Begriff „unit membrane“ (Einheitsmembran oder besser Elementarmembran) geprägt. Der Aufbau der Elementarmembran ist ebenso wie seine Allgemeingültigkeit [161] umstritten. Sicher nachgewiesen ist die Beteiligung von Proteinen, Cholesterin und Lipiden am Aufbau der Membran.

Im Jahre 1936 machte DANIELLI einen Vorschlag für ein Membranmodell, das zum Ausgangspunkt der heutigen modernen Vorstellungen über die Membranstruktur wurde [162]. Nach diesem Modell besteht die Membran aus einem bimolekularen Lipidfilm, der durch beidseitige Adsorption von Proteinfilmen stabilisiert ist. Hierbei bestimmen die Lipide die Permeabilität der Membran, während die Proteine für deren Festigkeit verantwortlich sind. Aus zahlreichen Versuchen, die zur Charakterisierung der Membraneigenschaften unternommen wurden, sind Bedingungen formuliert worden, die ein Membranmodell erfüllen muß, um der Wirklichkeit weitgehend zu entsprechen [163]:

- Die Membran muß unterschiedlich permeabel gegenüber Wasser und gelösten Stoffen (Ionen, Anelektrolyten) sein.
- Die Membran muß bestimmte elektrische Eigenschaften besitzen, z. B. einen elektrischen Widerstand in der Größenordnung von 10^3 bis 10^5 $\Omega \cdot cm^2$ und eine elektrische Kapazität in der Größenordnung 1 $\mu F\ cm^{-2}$.
- Die Permeabilität von Anelektrolyten muß mit deren Verteilungskoeffizienten im System Öl/Wasser korreliert sein.
- Die Oberfläche der Membran soll amphoteren Charakter haben.
- Die Dicke der Doppelmembran soll ca. 200 Å betragen.
- Die Oberflächenspannung der Membran gegen wäßrige Medien soll ca. 0,1 bis 1 dyn cm^{-1} betragen. Dieser Wert entspricht demjenigen von Proteinen.

Unter Berücksichtigung dieser Voraussetzungen entwickelten DANIELLI und DAVSON [164] ihr Modell der Lipoproteidstruktur einer Membran (Abb. 9). Diesem Modell entsprechen auch die Vorstellungen über den Aufbau der Elementarmembran.

Die Zusammensetzung des Proteins in biologischen

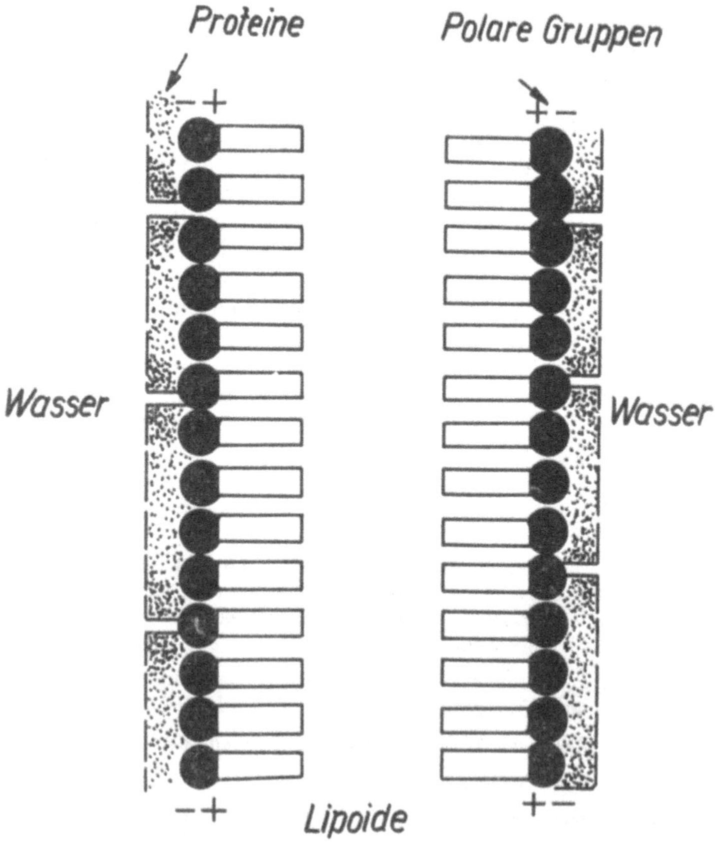

Abb. 9 Membranmodell nach DANIELLI und DAVSON. • bezeichnet den hydrophilen Teil der Moleküle, – die Kohlenwasserstoffkette

Membranen ist unbekannt. Bei Mitochondrienmembranen konnten periodisch angeordnete Membranuntereinheiten nachgewiesen werden [165]. In welchem Maße solche Untereinheiten eine allgemeine Verbreitung besitzen, läßt sich zur Zeit nicht eindeutig festlegen. Es scheint jedoch sicher zu sein, daß die Lipiddoppelschicht nicht untergliedert ist, sondern eine einheitliche Phase darstellt, die vorzugsweise aus Phospholipiden und Triglyceriden besteht.

Zahlreiche experimentelle Befunde über die Eigenschaften der Membranen, vor allem hinsichtlich ihrer Permeabilität gegenüber Wasser und kleinen Molekülen (Anelektrolyten), erbrachten Hinweise auf das Vorkommen von Poren in den Membranen. Die Ergebnisse der thermodynamischen Analyse von Permeabilitätsversuchen können sowohl unter Annahme der Membranstruktur als homogene Lipoproteinschicht als auch als Porenmembran interpretiert werden (vgl. Abschnitt 7.3.). Ob und in welcher Weise eventuell vorhandene Poren als starre Strukturelemente vorhanden sind, oder ob nicht vielmehr eine ständige Neubildung oder Größenveränderung der Poren auftritt, läßt sich derzeit nicht entscheiden. Für thermodynamische Betrachtungen wurde daher der Begriff des äquivalenten Porenradius (vgl. 7.3.) eingeführt, um damit das Gesamtverhalten der Membran als Porenmembran beschreiben zu können [166].

Um möglichst vielen Daten über die Membraneigenschaften gerecht zu werden, hat Hechter [147] ein Membranmodell vorgelegt, dessen Proteinschicht sich als ein System verzahnter hexagonaler Scheiben darstellt, die durch Wasserschichten eisartiger Struktur zusammengehalten werden und ein hochgeordnetes Gittersystem bilden (Abb. 10). Phosphat- und Kaliumionen als Gegenionen sind an den Ladungsorten der Proteinscheiben zu finden. Die Anordnung der Lipiddoppelschicht ist nach diesem Modell abhängig von den eisartigen Wasserschichten, welche den hydrophilen Teil der Lipidmoleküle in der Weise fixieren, daß sie sich in Nachbarstellung zu den hydrophilen Oberflächen der Proteinuntereinheiten befinden.

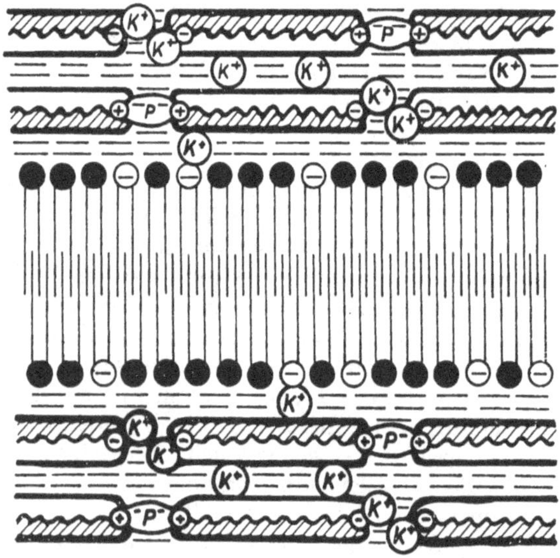

Abb. 10 Membranmodell nach HECHTER [147], [149]. Das Wasser zwischen den Proteinscheiben besitzt eisartige Struktur. Als Gegenion für die negativen Ladungen im Protein wird Kalium, als Gegenion für die positiven Ladungen Phosphat angenommen. Dieses Modell erklärt beispielsweise die Selektivität der Membran gegenüber K^+ im Vergleich zu Na^+. Durch die Einbeziehung des Wassers als Strukturelement der Membran wird eine Fixierung der Lipidschicht mit den hydrophilen Gruppen zum Protein hin erklärt

Neben den hier dargestellten Membranmodellen existieren zahlreiche andere Vorstellungen über die Struktur der Membranen. Sie sind entwickelt worden zur Erklärung der verschiedenartigsten Befunde über die selektiven Eigenschaften der Membran und über die an Membranen gebundenen aktiven Transportprozesse. Die Modelle geben die natürlichen Verhältnisse nur dann richtig wieder, wenn sie dem ständigen Umbau, Abbau und

Wiederaufbau der Membran Rechnung tragen. Wachstum, Zellvergrößerung, Vakuolenbildung, Abschnürung von Falten, Bildung von Golgivesikeln und andere Prozesse zeigen, daß ständige Veränderungen der Größe der Membranen im Stoffwechselgeschehen der Zelle erforderlich sind. Ein umfassendes Membranmodell muß diese Prozesse ebenso berücksichtigen wie die selektiven Eigenschaften gegenüber den verschiedensten Stoffen und die aktiven Prozesse, welche bei der Regulation des Stoffwechselgeschehens in der Zelle eine bedeutende Rolle spielen. Zur Zeit stehen die Vorstellungen über eine homogene Struktur und über die Struktur der Membran als Porenmembran gleichberechtigt nebeneinander.

7. Der Transport des Wassers im zellulären Bereich

7.1. Vorbemerkungen

Die Permeabilität pflanzlicher und tierischer Zellmembranen gegenüber gelösten Substanzen ist seit langem Gegenstand zahlreicher Untersuchungen. Die Permeabilitätsforschung hat Erkenntnisse über den Eintritt von Elektrolyten und Anelektrolyten in die Zellen beziehungsweise über die Abgabe dieser Stoffe aus den Zellen erbracht. Heute sind diese Kenntnisse wesentlich erweitert durch das Studium aktiver Transportprozesse, durch die Untersuchung des Einflusses von Membranpotentialen auf den Stofftransport sowie durch detaillierte Untersuchungen über die Membraneigenschaften und den Stoffdurchtritt durch Membranen verschiedener Zellkompartimente wie Kerne und Mitochondrien.

Geht man von dem ursprünglichen Inhalt des Begriffs Permeation als einer behinderten Diffusion aus, so muß festgestellt werden, daß es wohl keine oder nur sehr wenige Verbindungen gibt, bei denen reine Permeation vorliegt. Die Anwendung des für die Diffusion geltenden Fickschen Gesetzes

$$\frac{dn}{dt} = -DA\frac{dc}{dx} \tag{1}$$

($\frac{dn}{dt}$ gibt die Zahl von Molekülen dn an, die im Zeitraum dt durch die Fläche A durchtritt, wenn die Konzentrationsdifferenz dc über die Strecke dx wirksam ist) auf die Permeation führt zu der allgemeinen Permeabilitätsgleichung

$$\frac{dn}{dt} = -PA\,\Delta c, \tag{2}$$

wobei ein Vergleich der Gleichungen (1) und (2) die Beziehungen zwischen der Diffusionskonstante D und der Permeationskonstante P aufzeigt. Für verschiedenartige Substanzen können recht beträchtliche Unterschiede in den Größen der Permeationskonstanten P gefunden werden. Eine gewisse Sonderstellung nimmt hierbei das Wasser ein, da seine Permeation durch die Membranen wesentlich rascher als die anderer Substanzen vor sich geht.

Die Geschwindigkeit der Wasserpermeation durch biologische Membranen ist fast um eine Größenordnung höher, als eine einfache Lipidschicht zu erlauben scheint. Auch gegenüber der Zahl der Wasserstoffbrückenbindungen im flüssigen Wasser geht die Permeation des Wassers etwa fünfzigmal schneller vor sich, als theoretisch zu erwarten wäre. Aus solchen Besonderheiten der Verhaltensweise des Wassers lassen sich gewisse Aussagen über die Struktur des durch die Membran durchtretenden Wassers und über die Membranstruktur selbst ableiten (vgl. 7.3.).

Die quantitative Ermittlung der Wasserpermeabilität biologischer Membranen ist auch insofern unübersichtlich geworden, als durch die Anwendung verschiedener

Methoden der Messung der Wasserpermeation Ergebnisse erzielt werden, die nicht ohne weiteres miteinander vergleichbar sind. Eine Auswertung solcher Messungen auf klassischem Wege vermittelt daher kein vollständiges Bild der Eigenschaften einer Membran, für Wasser in einem bestimmten Maße durchlässig zu sein. Nur mittels der Thermodynamik irreversibler Prozesse wird es möglich, einen umfassenderen Einblick in die mit der Wasserpermeation in Zusammenhang stehenden Reaktionen zu erhalten und deren quantitative Bedeutung zu ermitteln.

Zunächst sollen die klassischen Verfahren zur Ermittlung der Wasserpermeabilität behandelt werden; daran schließt sich ein Überblick über die Möglichkeiten der thermodynamischen Analyse an.

7.2. Meßmethoden der Wasserpermeabilität

7.2.1. „Filtrationspermeabilität". Messung mit osmotischen Methoden

Als erste haben HUBER und HÖFLER [167] den Versuch unternommen, die Wasserpermeabilität pflanzlicher Zellen quantitativ zu analysieren. Sie bedienten sich hierbei einer Methode, bei welcher die Volumenänderung von Protoplasten pflanzlicher Zellen nach deren Übertragung in hypertonische Lösungen als Maß für den Wasserdurchtritt durch den Protoplasten verwendet wurde. Dieses Meßverfahren wird als „plasmometrische Methode" bezeichnet. Es eignet sich nur für vakuolenhaltige pflanzliche Zellen. Die Zellen, die in ihren geometrischen Abmessungen so gestaltet sein müssen, daß es relativ leicht ist, ihr Volumen zu berechnen und Volumenänderungen zu messen, werden in hypertonische Lösungen nicht oder sehr langsam permeierender Substanzen eingebracht. Hierbei wird den Zellen Wasser entzogen und das vom Protoplasten umgebene Volumen verringert sich (Abb. 11). Das Volumen, das vom plasmolysierten Protoplasten umschlossen wird, kann als das eines Zylinders mit zwei halbkugelförmigen Enden beschrieben werden:

$$\underset{\text{Zylinder}}{(1 - 2r)\pi r^2} + \underset{\text{2 Halbkugeln}}{\frac{4}{3}\pi r^3} = V = (1 - \frac{2}{3} r)\pi r^2. \qquad (3)$$

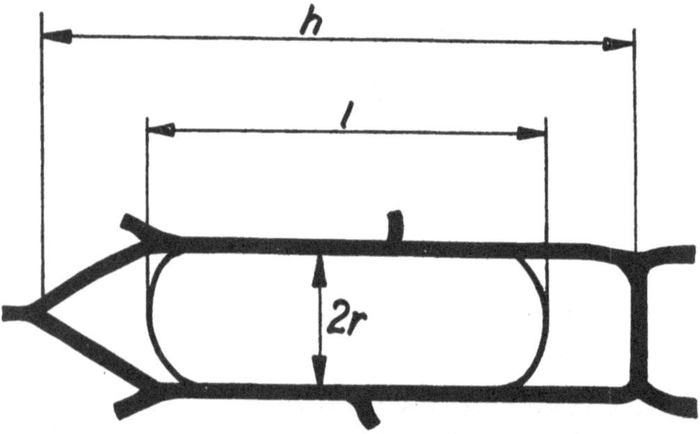

Abb. 11 Schema einer zylindrischen Zelle mit plasmolysiertem Protoplasten. Der Protoplast hat die Länge l und den Durchmesser $2r$

Wird das in einer Lösung bestimmter Konzentration am Ende der Plasmolyse erreichte Volumen als V_p, das Anfangsvolumen der Zelle als V_0 bezeichnet, so erhält man aus dem Verhältnis beider den Endgrad G der eintretenden Plasmolyse

$$G = \frac{V_p}{V_0}. \qquad (4a)$$

Auf Grund der Beziehung $p \cdot V = const.$ ergibt sich aus Gleichung (4a), daß der Endgrad der eintretenden

Plasmolyse gleich dem Verhältnis der osmotischen Werte von Zellsaft (P_i) und Außenlösung (P_e) ist:

$$G = \frac{P_i}{P_e}. \tag{4b}$$

Am einfachsten erfolgt die Darstellung der zeitlichen Änderung des Protoplastenvolumens in der Weise, daß man die relative Kontraktion des Protoplasten gegen die Zeit aufträgt, die nach Einbringen der Zelle in das hypertonische Medium vergangen ist. HUBER und HÖFLER [168] bestimmten mit dieser Methode den zeitlichen Verlauf der Plasmolyse von Zellen verschiedener Pflanzen (Abb. 12). Objektbedingte Unterschiede im Plasmolyseverhalten der Pflanzenzellen sind deutlich zu erkennen.

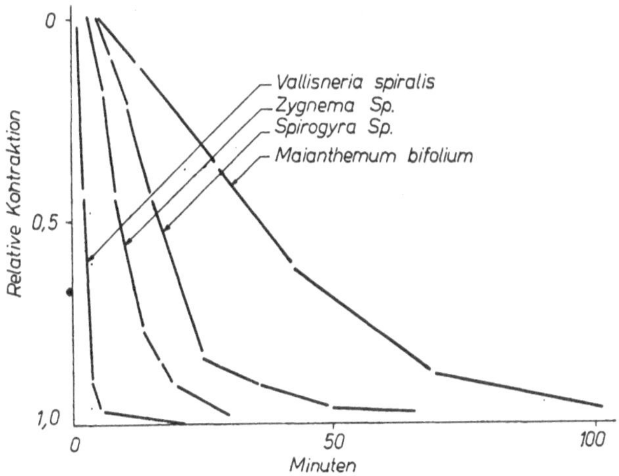

Abb. 12 Zeitliche Änderung des Protoplastenvolumens nach Übertragung der Zellen in ein hypertonisches Medium. Relative Kontraktion = 1 bedeutet Endwert der Plasmolyse, relative Kontraktion = 0 bedeutet voll turgeszente Zelle. Die relative Kontraktion ist $1 - g/1 - G$ (nach [168])

Bezeichnet man den Plasmolysegrad der Zelle zur Zeit t mit g, so gilt für die zeitliche Änderung der Plasmolyse die Beziehung

$$\frac{dg}{dt} = -k\left(P_e - \frac{P_i}{g}\right), \tag{5a}$$

aus welcher man durch Integration erhält:

$$k = \frac{1}{P_e(t_2 - t_1)}\left(g_1 - g_2 + G \ln \frac{g_1 - G}{g_2 - G}\right). \tag{5b}$$

Hierbei sind g_1 und g_2 die Plasmolysegrade zu den Zeiten t_1 und t_2. Die aus der Gleichung (5b) erhaltenen k-Werte sind Relativwerte und ermöglichen Vergleiche zwischen den Permeationsgeschwindigkeiten des Wasser bei verschiedenen Objekten unter konstanten Versuchsbedingungen. Einheitliche Werte für k werden natürlich nur in den Meßbereichen erhalten, in denen die Darstellung der relativen Kontraktion der Zellen gegen die Zeit eine Gerade ergibt.

Um für den osmotisch bedingten Wassertransport durch Membranen zu absoluten Werten zu kommen, muß man das Volumen des Wassers ermitteln, das pro Zeiteinheit durch die Membran hindurchtritt. Die Volumenänderung muß daher auf die Größe der Membranfläche bezogen werden. Außerdem zeigen die experimentellen Ergebnisse, daß mit steigendem osmotischen Wert des Plasmolytikums P_e die zeitliche Änderung des Protoplastenvolumens rascher erfolgt. Das bedeutet, daß sich der Wasserdurchtritt durch die Membran mit steigender Differenz der osmotischen Werte von Zellsaft und Außenmedium erhöht. Die Permeationskonstante K_w, die ein Maß für die pro Zeiteinheit durch die Membran hindurchtretende Wassermenge darstellt, muß demnach auch noch auf die Druckdifferenz der beiden Lösungen bezogen werden. Man erhält somit eine Aussage über die Wassermenge, die pro Einheit der Fläche, der Zeit und der Druckdifferenz durch die Membran hindurchtritt:

$$\mathrm{cm^3/cm^2 \cdot h \cdot atm} \quad \text{oder} \quad \mu^3/\mu^2 \cdot \mathrm{min \cdot atm}.$$

Die bis zum Erreichen des Gleichgewichtszustandes (Endgrad G der Plasmolyse) den Zellen entzogene Wassermenge ist von der Konzentrationsdifferenz $P_e - P_i$ abhängig und stellt nur einen Teil des insgesamt in der Zelle enthaltenen Wassers dar. Dieser Teil ist um so größer, je größer die Differenz der osmotischen Werte des Außenmediums und des Zellsaftes $P_e - P_i$ ist.

Eine einfache Formel (76) zur Berechnung der absoluten Wasserpermeabilitätskonstanten aus plasmolytischen Versuchen unter Annahme der Zellform in Abb. 11 stammt von STADELMANN [169]:

$$K_w = 13{,}9 \cdot \frac{b}{C} \cdot \frac{l_2 - l_1}{t_2 - t_1} \cdot \frac{1}{\bar{l} - l_0} \cdot \frac{\bar{l}\,\frac{b}{3}}{\bar{l}}. \tag{6}$$

Darin bedeuten K_w die absolute Wasserpermeabilitätskonstante, die direkt vergleichbar ist mit den Werten der absoluten Permeabilitätskonstante für Anelektrolyte in $\mathrm{cm \cdot sec^{-1}}$, b die innere Zellbreite in cm, C die Konzentration des Plasmolytikums in $\mathrm{mol \cdot lit^{-1}}$, l_1 und l_2 die Protoplastenlängen in cm zu den Zeiten t_1 und t_2, l_0 die Protoplastenlänge im Endgleichgewicht der Plasmolyse in cm und $\bar{l}$ den Mittelwert $\frac{l_1 + l_2}{2}$ der Protoplastenlänge in cm.

Neben der plasmometrischen Methode gibt es zahlreiche andere osmotische Verfahren, mit deren Hilfe die Wasserpermeabilität pflanzlicher und zum Teil auch tierischer Membranen charakterisiert werden kann. An erster Stelle sind hierbei Verfahren zu nennen, bei denen die Gewebestücke vor und nach Einbringen in hypertonische Lösungen gewogen werden und die Gewichtsdifferenzen als Maß für die Wasserpermeabilität dienen. Auch die Änderung des spezifischen Gewichts während des Wasserentzugs wurde als Meßgröße für die Permeabilität von Gewebeabschnitten herangezogen. Einige Autoren messen die von Zellen oder Geweben aufgenommenen oder durch Membranen durchgetretenen Wassermengen direkt mit Hilfe von Mikrodensitometern. Besonderes Interesse verdient in diesem Zusammenhang die Methode der transzellulären Osmose bei Characeen-Internodialzellen [170], [171]. Eine Internodialzelle wird hierbei je etwa zur Hälfte in zwei Kammern *A* und *B* eines einfachen Osmometers gebracht (Abb. 13). Die Kammern sind mit Leitungswasser gefüllt und durch Vaseline gegeneinander abgedichtet. Wenn das Wasser in der Kammer *B* durch

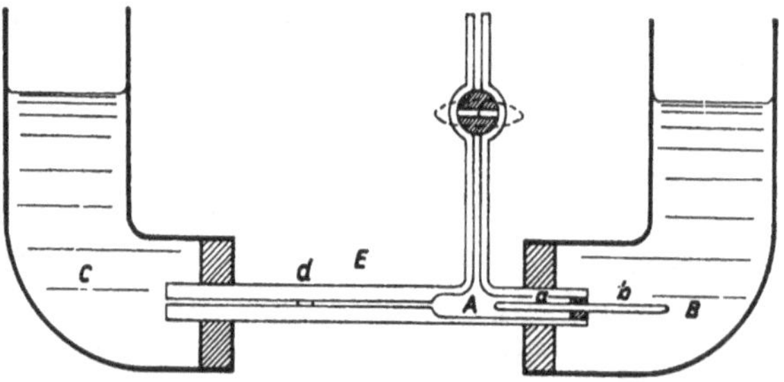

Abb. 13 Doppelkammer-Osmometer zur Messung der transzellulären Osmose. Das Rohr *c* dient dem Ausgleich der hydrostatischen Druckdifferenz zu beiden Seiten der Zelle. Erläuterungen siehe Text (nach [171])

Mannitlösung ersetzt wird, wird die Saugkraft der Zellhälfte *b* kleiner als die von *a* und Wasser wandert von *A* nach *B* durch die Zelle hindurch. Die durch die Zelle transportierte Wassermenge ist mittels der kleinen Luftblase *d* in der Kapillare *E* bestimmbar. Die transzelluläre Osmose von *A* nach *B*, die durch den osmotischen Gradienten im Außenmedium verursacht wird, bezeichnet man als „Vorwärts-Osmose“ (forward osmosis). Die Geschwindigkeit der Vorwärts-Osmose bleibt unter dem Einfluß einer bestimmten äußeren Konzentrationsdifferenz nicht konstant, sondern fällt innerhalb von 15 bis

20 Minuten auf ungefähr ein Hundertstel der Anfangsgröße. Dies resultiert daraus, daß die osmotische Konzentration des Zellsaftes in *b* ansteigt und in *a* abnimmt, so daß die Saugkraft der Zellhälften wieder nahezu gleich wird. Ersetzt man danach die Mannitlösung in *B* wieder durch Wasser, wird eine Osmose in umgekehrter Richtung, von *B* nach *A*, durch den intrazellulären osmotischen Gradienten induziert.

Dieser Wasserstrom wird als „Rückwärts-Osmose" (backward-osmosis) bezeichnet.

Die Geschwindigkeit der transzellulären Osmose $\left(\frac{dv}{dt}\right)$ ist

$$\frac{dv}{dt} = K(S_{en} - S_{ex}), \tag{7a}$$

wobei S_{ex} und S_{en} die Saugkräfte auf der exosmotischen und der endosmotischen Seite der Zelle und K die sogenannte „transzelluläre osmotische Konstante" sind. S_{ex} und S_{en} sind definiert durch

$$S_{en} = p_{en} - P_{en} - T \tag{7b}$$

$$S_{ex} = p_{ex} - P_{ex} - T, \tag{7c}$$

p_{en} und p_{ex} sind die osmotischen Drücke der Zelle, P_{en} und P_{ex} diejenigen der Außenlösung auf der endosmotischen (*en*) und exosmotischen (*ex*) Seite und T ist der Turgordruck der Zelle. Zu Beginn der Vorwärts-Osmose sind p_{en} und p_{ex} gleich dem osmotischen Druck p_i der Zelle, $P_{en} = 0$ und $P_{ex} = S_{en} - S_{ex}$. Aus der Geschwindigkeit des Wassertransports in der Anfangsphase $\left(\frac{dv}{dt}\right)_i$

$$\left(\frac{dv}{dt}\right)_i = K(P_{ex}) \tag{7d}$$

läßt sich die Größe der transzellulären Permeabilitätskonstante für Wasser (K') ableiten [171].

Eine grundlegende Untersuchung über den Transport

von Wasser durch tierische Membranen stammt von KOEFOED-JOHNSEN und USSING [172]. Die Autoren verwendeten als Objekt die ventrale Haut von Kröte (Bufo bufo) oder Frosch (Rana temporaria) und bestimmten gleichzeitig den Einfluß von Neurohypophysenhormon auf den osmotisch bedingten Nettotransport von Wasser und auf die Diffusion von isotop markiertem Wasser durch die Membran. Zu diesem Zweck befestigten sie die Hautabschnitte als Membran zwischen zwei Zelluloidkammern. Die Kammer auf der Innenseite der Haut wurde mit 25 ml Ringerlösung gefüllt, die Kammer auf der Außenseite enthielt entweder 16 ml normale oder 1 : 10 verdünnte Ringerlösung. Das Volumen in der Außenkammer konnte mit einer Genauigkeit von $\pm 10\ \mu l$ bestimmt werden. Die effektive Hautfläche betrug 6,6 cm^2. Nach Einstellung eines Gleichgewichtszustandes wurden 1000 μl D_2O (99,6 Atom-% D) in die äußere Kammer gegeben. Zur Durchmischung wurde Luft durch die Kammern geblasen. Stündlich erfolgte eine Probenahme zur D-Analyse aus beiden Kammern. Gleichzeitig wurde das genaue Volumen des Mediums in der Außenkammer ermittelt.

Der insgesamt erfolgte Wasserdurchtritt M wurde aus den D-Häufigkeiten und den Volumina der Flüssigkeiten in den beiden Kammern berechnet nach

$$M = \frac{V_1 \cdot V_2}{A_0 t (V_1 + V_2)} \cdot \ln \frac{a V_2 - b V_1}{a V_2 - b V_1 - (V_1 + V_2) \cdot Q}. \quad (8)$$

$V_{1,2}$ sind die Volumina der Außen- und Innenlösung, a die D_2O-Menge außen, b die D_2O-Menge innen zur Zeit $t = 0$, Q die Menge an D_2O, die während der Versuchsdauer durch die Membran durchtritt; A_0 ist die Membranfläche. Der Nettotransport von Wasser war durch die Messung des Volumens der Außenlösung direkt bestimmbar.

Die Verfasser fanden, daß der mit isotop markiertem Wasser gemessene Wasserdurchtritt durch die Membran von außen nach innen 392 μl/cm² · Stunde beträgt. Der osmotisch bedingte Nettotransport von Wasser durch die Membran beträgt hingegen 9,2 μl/cm² · Stunde. Es zeigte sich jedoch, daß der Nettotransport durch Neurohypophysenhormon relativ stark (um 100%), der insgesamt erfolgte Wasserdurchtritt von außen nach innen jedoch praktisch nicht beeinflußbar ist.

Diese Ergebnisse führten dazu, die auf osmotische (oder hydrostatische) Kräfte zurückführbaren Wasserverschiebungen (Filtrationspermeabilität) deutlicher von jenen zu unterscheiden, die auf die Diffusion von Wassermolekülen durch die Membran zurückzuführen sind und mit Hilfe von isotop markiertem Wasser erfaßt werden können (Diffusionspermeabilität). Die Autoren lieferten damit auch ein Beispiel für die gleichzeitige Erfassung der beiden Permeabilitätsgrößen an ein und demselben Objekt.

7.2.2. „Diffusionspermeabilität". Messung mit Hilfe isotop markierten Wassers

Neben dem Einsatz der verschiedenen osmotischen Methoden ist es möglich, durch Markierung des Wassers selbst dessen Weg in pflanzlichen und tierischen Objekten zu verfolgen und auf diese Weise Aussagen über die Wasserpermeabilität biologischer Membranen zu erhalten. Für die isotope Markierung des Wassers stehen die stabilen Isotope Deuterium und ^{18}O sowie das radioaktive Isotop Tritium zur Verfügung. Zur Bestimmung der Wasserpermeabilität mit Hilfe dieser Tracer wird entweder der Anstieg der Deuterium- oder ^{18}O-Häufigkeit beziehungsweise der Tritiumaktivität im Gewebewasser nach Einbringen der Gewebe in isotop markiertes Wasser (HDO, $H_2{}^{18}O$ oder HTO) gemessen, oder es wird nach vorangegangener Aufsättigung des Gewebes mit markiertem Wasser dessen Abgabe an das umgebende Medium messend verfolgt. Hierbei wird der osmotische Wert im allgemeinen so gewählt, daß er den Werten des natürlichen Mediums entspricht. Auf diese Weise ist gewährleistet, daß sich die Zellen im vollturgeszenten Zustand befinden und osmotisch bedingte Wasserverschiebungen nicht die Versuchsergebnisse beeinflussen.

Der Austausch des Zell- beziehungsweise Gewebewassers gegen das Wasser des umgebenden Mediums beginnt sofort nach Einbringen der Gewebestücke in die Versuchslösungen. Verzögerungsphasen, wie sie bei den plasmometrischen Methoden bis zum Plasmolysebeginn, bedingt durch die Diffusion des Plasmolytikums durch die Zellwand, zu beobachten sind, treten hierbei nicht auf. Lediglich der Einfluß adhärierender Wasserschichten an der Membranoberfläche (bzw. der Oberfläche der Zellwand) kann zu Versuchsfehlern führen. Es ist daher notwendig, während der Messungen die Versuchslösung gut zu rühren [173].

Der Austausch des Zell- oder Gewebewassers gegen Wasser des umgebenden Mediums erfolgt sehr rasch. Die Geschwindigkeit dieses Prozesses ist sowohl von der Permeabilität der Membranen als auch von der Länge der Diffusionsstrecke, d. h. von der Dicke der untersuchten Zellen oder Gewebestücke abhängig. Bei verschiedenartigsten Objekten [174], [175], [176], [177] wurde gefunden, daß bei einer Dicke der untersuchten Objekte von ca. einem Millimeter innerhalb eines Zeitraumes von etwa 10 Minuten der Gleichgewichtszustand des Austausches erreicht ist. Die Halbwertszeit dieses Austausches liegt bei etwa 100 Sekunden. Diese Zeiten sind natürlich stark erhöht, wenn durch permeationshemmende Schichten wie beispielsweise die Cuticula bei Blättern oder infolge eines geringen Hydratationsgrades des Protoplasmas wie bei Blattknospen [178] die Wasseraustauschgeschwindigkeit herabgesetzt ist.

Verfolgt man die zeitliche Änderung der isotopen Zusammensetzung des Gewebewassers nach Einbringen der Gewebeabschnitte in isotop markiertes Wasser (z. B. HDO), so erhält man die in der Abbildung 14 dargestellte

Kurve. Hierbei bedeuten c_0 die natürliche relative Häufigkeit des seltenen Isotops im Gewebewasser, c_a die relative Häufigkeit des seltenen Isotops im umgebenden Medium, t_R die Zeit, bis zu der die Rückdiffusion des isotop markierten Wassers (nahezu) vernachlässigbar ist,

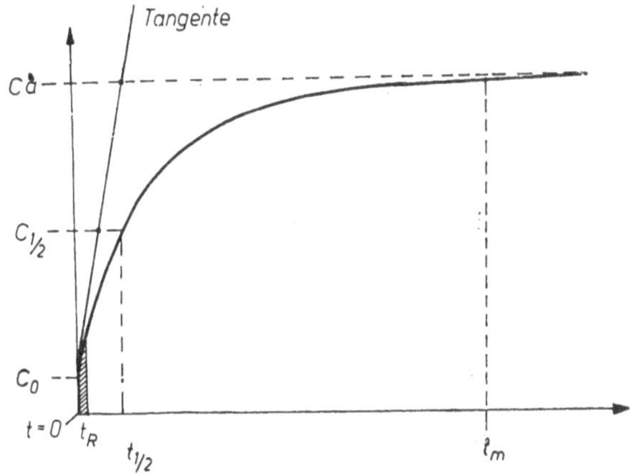

Abb. 14 Zeitliche Änderung der isotopen Häufigkeit im Gewebewasser nach Einbringen des Gewebes in isotop markiertes Wasser (Erklärung siehe Text)

$t_{1/2}$ die Halbwertszeit des Austausches und t_m die Zeit, nach der (annähernd) der Gleichgewichtszustand erreicht ist. Die Konzentration $c_{1/2} = \dfrac{c_a + c_0}{2}$ ist erreicht, wenn die Hälfte des Gewebewassers gegen Wasser des umgebenden Mediums ausgetauscht ist.

Der Gleichgewichtszustand des Austauschs wird streng genommen erst nach unendlich langer Zeit erreicht. Bei der praktischen Versuchsdurchführung wird als t_m diejenige Zeit betrachtet, nach deren Ablauf die Unterschiede der isotopen Häufigkeiten von Gewebewasser und Außenmedium nicht mehr analytisch erfaßbar sind. Im Gleichgewichtszustand treten ebensoviele markierte Wassermoleküle in die Zellen ein wie die Zelle verlassen.

Aussagen über die Wassermenge, die durch die Zellmembran hindurchtritt, können nur für einen Zeitraum gemacht werden, innerhalb dessen die Rückdiffusion des in die Zellen eingetretenen markierten Wassers vernachlässigbar ist. Mathematisch exakt wird die Geschwindigkeit des Wassertransports im Zustand fehlender Rückdiffusion durch den Anstieg der Tangente an die Kurve des Konzentrationsanstiegs bei $t = 0$ beschrieben. Man erkennt aus der Abbildung 14, daß bis zur Zeit t_R die Tangente und die experimentell gefundene Kurve nur wenig voneinander abweichen. Die Zeit t_R beträgt bei Geweben mit einer Schichtdicke von einem Millimeter und normaler Wasserpermeabilität etwa 5 Sekunden. Es ist daher möglich, die durch die Membran hindurchtretende Wassermenge für kurze Versuchszeiten t_R aus der experimentell ermittelten Kurve zu berechnen. Hierbei dient das isotop markierte Wasser lediglich als Indikator (Tracer) für das Verhalten der gesamten Wassermoleküle, so daß die durch die Membran insgesamt durchgetretene Wassermenge nicht gleich der Menge der im Gewebe nachweisbaren isotop markierten Wassermoleküle ist, sondern sich aus dem Prozentsatz des insgesamt ausgetauschten Wassers ergibt. Dieser Prozentsatz läßt sich aus den isotopen Häufigkeiten im Wasser des Gewebes oder des umgebenden Mediums sowie der Menge des Gewebewassers berechnen. Hierzu dient mit hinreichender Genauigkeit die Isotopenverdünnungsformel

$$m_{ex} = m_0 \cdot \frac{c_m - c_0}{c_a - c_0}, \tag{9}$$

in der m_{ex} die Menge des ausgetauschten Gewebewassers, m_0 die Gesamtmenge des Gewebewassers, und c die relativen Häufigkeiten des seltenen Isotops im Außenmedium (c_a) sowie im Gewebewasser vor (c_0) und nach (c_m) dem Austausch darstellen.

Der Zellturgor und damit die in den Zellen enthaltene Wassermenge bleiben konstant. Der Bruttotransport von

Wasser durch die Membran ist also in beiden Richtungen der gleiche („gekoppelte Rückdiffusion“ [179]). Als Meßergebnis erhält man bei den Versuchen zur Bestimmung der Wasserpermeabilität unter Verwendung isotop markierten Wassers Angaben über die Menge des Wassers, die pro Einheit der Fläche und Zeit durch die Membran hindurchgetreten ist: $\mu^3/\mu^2 \cdot \min$.

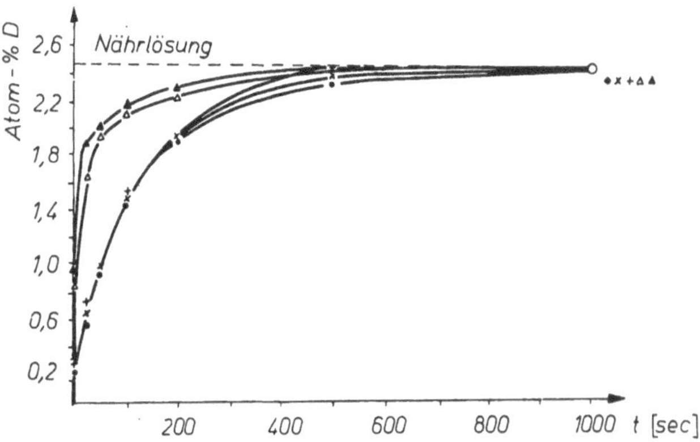

Abb. 15 H_2O/HDO-Austausch isolierter *Vicia faba*-Wurzeln in normalen und hypertonischen Medien. Wurzeln eine Stunde mit KNOPscher Nährlösung vorbehandelt:

- • – • Austausch in HDO-haltiger KNOPscher Nährlösung;
- × – × Austausch in HDO-haltiger KNOPscher Nährlösung + Saccharose (0,33 m);
- + – + Austausch in HDO-haltiger KNOPscher Nährlösung + Saccharose (0,44 m);
- △ – △ Wurzeln eine Stunde mit KNOPscher Nährlösung + Saccharose (0,33 m) vorbehandelt, anschließend Austausch in gleichem Medium mit HDO;
- ▲ – ▲ wie vorher, Saccharosekonzentration 0,44 m

Die experimentellen Befunde zeigen, daß das gesamte in den Zellen und Geweben enthaltene Wasser gegen Wasser des umgebenden Mediums austauschbar ist [174], [180]. Es existiert keine Wasserfraktion in der Zelle, die nicht oder sehr langsam ausgetauscht wird. Dieser für zoologische Objekte bereits seit langem außerhalb der Diskussion stehende Befund (er ist Voraussetzung für die Anwendbarkeit von isotop markiertem Wasser zur Bestimmung der Körperwassermenge mittels der Isotopenverdünnungsanalyse [181]) ist inzwischen auch an zahlreichen pflanzlichen Objekten bestätigt worden [182], [183].

Hinweise auf den Ort des größten Widerstandes gegen den Austausch des Gewebewassers gegen Wasser des umgebenden Mediums erbringen die Ergebnisse von Untersuchungen über den H_2O/HDO-Austausch isolierter *Vicia faba*-Wurzeln in hypertonischen Medien [180].

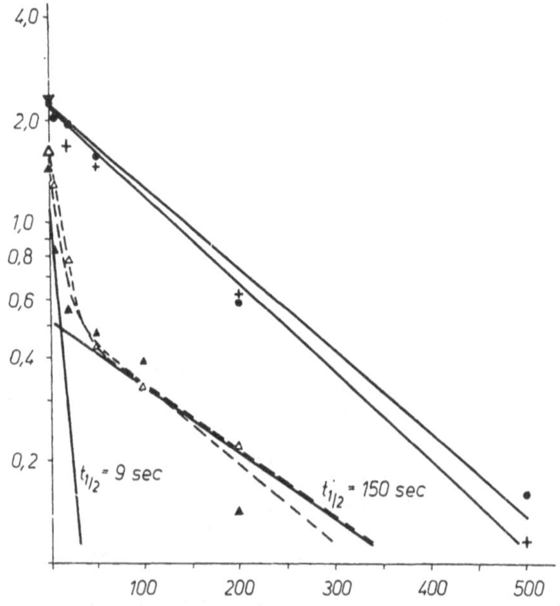

Abb. 16 Halblogarithmische Darstellung der Versuchsergebnisse beim H_2O/HDO-Austausch in hypertonischen Medien. Ordinate: $c_a - c_t$ (Differenz zwischen den Isotopenhäufigkeiten c_a im Außenmedium und c_t im Gewebewasser); Abszisse: Zeit in Sekunden. Kurvenbezeichnung siehe Abb. 15

Abbildung 15 zeigt den Anstieg der D-Häufigkeit des Gewebewassers in normalen und eine Stunde mit hypertonischen Saccharoselösungen (0,33 m oder 0,44 m) vorbehandelten Wurzeln nach deren Einbringen in HDO-haltige Saccharoselösungen. Während der Austausch des Gewebewassers der normalen Wurzeln in den hypertonischen Medien in gleicher Weise wie in normaler Knopscher Nährlösung abläuft, tauschen die Wurzeln, die eine Stunde mit einer hypertonischen Saccharoselösung vorbehandelt sind, ihr Gewebewasser bedeutend rascher gegen das Wasser der umgebenden Saccharoselösung aus. Ähnliche Ergebnisse erzielten ORDIN und GAIRON [184] bei Untersuchungen über den Wasseraustausch an *Vicia faba*- und Mais-Wurzeln unter Verwendung von HTO.

Eine halblogarithmische Darstellung der Meßergebnisse (Abb. 16) läßt erkennen, daß der Austausch des Gewebewassers normaler Wurzeln einem Zeitgesetz 1. Ordnung folgt. Dieses Resultat ist bei Vorliegen einer Diffusionskinetik zu fordern. Bei den mit hypertonischen Lösungen vorbehandelten Wurzeln erfolgt hingegen der Austausch des Gewebewassers anfangs sehr rasch, danach jedoch langsamer als bei normalen Wurzeln. Durch graphische Subtraktion kann die experimentell ermittelte Kurve in zwei Geraden aufgelöst werden, die zwei Funktionen ergeben, die Reaktionen 1. Ordnung mit den Halbwertszeiten $t_{1/2} = 9$ sec und $t_{1/2} = 150$ sec darstellen. Die Halbwertszeit der rasch ablaufenden Reaktion liegt nahe bei der Halbwertszeit für die freie Diffusion des Wassers, welche sich für einen Wasserzylinder mit den geometrischen Abmessungen dieser Wurzeln zu $t_{1/2} = 5{,}6$ sec errechnet [174], während die Halbwertszeit des langsamen Prozesses mit 150 sec fast doppelt so hoch liegt als bei normalen Wurzeln.

In den mit hypertonischen Lösungen vorbehandelten Geweben liegt ein großer Teil der Protoplasten in plasmolysierter Form vor. Mit der rasch ablaufenden Reaktion ($t_{1/2} = 9$ sec) wird daher im wesentlichen der Austausch des außerhalb der Protoplasten befindlichen Wassers erfaßt. Das in den plasmolysierten Protoplasten einschließlich der Vakuole enthaltene Wasser wird langsamer als bei unplasmolysierten Zellen ausgetauscht. Die Zellwände der *Vicia faba*-Wurzeln bieten demnach dem Wasser nur einen geringen Diffusionswiderstand. Die Auswertung der H_2O/HDO-Austauschversuche in hypertonen Lösungen ergibt daher, daß die hauptsächliche Permeationsschranke im Protoplasten zu suchen ist, wobei jedoch eine Differenzierung der Anteile von Tonoplast und Plasmalemma am Gesamtwiderstand nicht erfolgen kann.

Bei der Auswertung von Experimenten mit isotop markiertem Wasser muß beachtet werden, daß die Diffusionsgeschwindigkeiten isotop substituierter Wassermoleküle von der Diffusionsgeschwindigkeit des Moleküls $H_2{}^{16}O$ abweichen. Bekanntlich ist die Diffusionsgeschwindigkeit eines Moleküls in erster Näherung abhängig von seinem Molekulargewicht, so daß $H_2{}^{16}O$ ($M = 18$), HDO ($M = 19$), HTO ($M = 20$) und $H_2{}^{18}O$ ($M = 20$) deutlich unterschiedliche Diffusionskoeffizienten aufweisen [186]. Aus diesem Grunde liegen beispielsweise die mit HDO ermittelten Werte gegenüber der Diffusion von $H_2{}^{16}O$ um etwa 1,6% zu niedrig. Meist kann der durch diese Isotopieeffekte in den Diffusionsgeschwindigkeiten der verschiedenen isotopen Wassermoleküle verursachte Fehler vernachlässigt werden. Man kann jedoch diese Unterschiede auch nutzen, um bestimmte Aussagen über das untersuchte System zu erhalten. So läßt sich beispielsweise mit Hilfe dieses Isotopieeffektes der Mechanismus des Wasserdurchtritts durch die Membran charakterisieren [180], [185]. Bestimmt man nämlich die Halbwertszeiten des Austauschs des Gewebewassers gegen HDO und $H_2{}^{18}O$ bei verschiedenen Temperaturen und vergleicht die erhaltenen Werte mit den freien Diffusionskoeffizienten von HDO und $H_2{}^{18}O$ sowie mit deren Änderung in Abhängigkeit von der Temperatur, so läßt sich zeigen, daß die Austauschgeschwindigkeiten mit den Diffusionskoeffizienten des Wassers streng korreliert sind. Das weist darauf hin, daß beim Austausch des Gewebewassers die Diffusion undissoziierter Wassermoleküle geschwindigkeitsbestimmend ist. Protonenaustausch oder Hydroxylionenaustausch sind mit Sicherheit als geschwindigkeitsbestimmend auszuschließen.

Aus Untersuchungen über die Verteilung von HDO, HTO und $H_2{}^{18}O$ im Körperwasser von Kaninchen konnte die Gültigkeit dieser Gesetzmäßigkeiten auch für den tierischen Organismus abgeleitet werden [187].

Wird schweres Wasser mit höheren D-Häufigkeiten für Untersuchungen eingesetzt, so sind die auftretenden Isotopieeffekte häufig nicht mehr zu vernachlässigen. Neben sonstigen primären, sekundären und Lösungsmittelisotopieeffekten, die sich bei längeren Einwirkungszeiten des schweren Wassers in verschiedener Weise auswirken (vgl. Abschnitt 8.), können auch die unterschiedlichen Diffusionsgeschwindigkeiten von H_2O und D_2O deutliche Effekte verursachen, die besonders eindrucksvoll bei Internodialzellen von *Tolypella nidifica* in Erscheinung treten. Bringt man diese Zellen in D_2O-haltiges Meerwasser, das durch Eindampfen von Meerwasser und Aufnehmen des Salzrückstandes mit schwerem Wasser (99,8 Atom-% D) hergestellt war, so tritt bei einem großen Teil der Zellen Cytorrhyse ein. Diese Cytorrhyse beginnt etwa 5 bis 20 Sekunden nach Einlegen der Zellen in das Medium und geht nach weiteren 15 bis 60 Sekunden wieder zurück [180]. Dieser Effekt ist darauf zurückzuführen, daß bei Einbringen in schweres Wasser das in den Internodialzellen enthaltene Wasser natürlicher isotoper Zusammensetzung rascher aus den Zellen herausdiffundiert als das schwere Wasser aus dem umgebenden Medium in die Zelle hinein. Hieraus resultiert ein Wasserverlust, der als Cytorrhyse in Erscheinung tritt. Bei Rückübertragung von Zellen aus D_2O-haltigen Medien in Wasser natürlicher isotoper Zusammensetzung wird durch diesen Isotopieeffekt in den Diffusionsgeschwindigkeiten der verschiedenen Wassermoleküle häufig ein Zerplatzen der Zellen bewirkt. Beobachtungen hierüber liegen sowohl an Internodialzellen von Characeen [175] als auch an Erythrocyten [188] vor.

7.2.3. Vergleich der Meßwerte aus Osmose- und Diffusionsversuchen

Zur Charakterisierung des Wasserdurchtritts durch biologische Membranen erhält man nach dem bisher Gesagten zwei verschiedene Werte, je nachdem, ob man diesen Vorgang mit Hilfe osmotischer Methoden oder unter Verwendung isotop markierten Wassers mißt. Der eine Wert gibt die Wassermenge an, die durch die Membran pro Einheit der Zeit und der Druckdifferenz hindurchtritt (Dimension: μ/min · atm), der andere die Wassermenge, die infolge der Selbstdiffusion pro Zeiteinheit die Membran passiert (Dimension: μ/min). Die beiden Werte sind nicht unmittelbar miteinander vergleichbar.

Ein experimenteller Vergleich der beiden Methoden der Wasserpermeabilitätsmessung erfordert Untersuchungen am gleichen Objekt über vergleichbare Versuchszeiten. Dies ist aus methodischen Gründen nicht ohne weiteres realisierbar. Da für Isotopenanalysen eine Mindestmenge an Wasser zur Verfügung stehen muß, können mit markiertem Wasser Versuche an Einzelzellen außer an Internodialzellen von Characeen oder an Valonia-Zellen nur unter bestimmten Voraussetzungen durchgeführt werden. Die großlumigen Algenzellen eignen sich wiederum nicht für plasmometrische Auswertungen. Es kommt daher für die osmotischen Experimente praktisch nur eine Methode in Betracht, bei welcher durch gravimetrische Analyse der Gewichtsverlust von Gewebeabschnitten in hypertonischen Medien gemessen wird. Die Ergebnisse können dann mit den Austauschkurven verglichen werden, die man an gleichartigen Gewebestücken unter Verwendung isotop markierten Wassers erhält. Kohn und Dainty [176] führten derartige Untersuchungen an Gewebescheiben von *Beta vulgaris* und *Helianthus tuberosus* durch. Sie bestimmten bei Gewebescheiben unterschiedlicher Stärken die Halbwertszeiten der Gewichtsänderung in Lösungen verschiedener osmotischer Drücke und fanden eine lineare Abhängigkeit vom Quadrat der Scheibendicke. Dies bestätigt ihre Hypothese, daß der geschwindigkeitsbestimmende Faktor für die Gewichtsänderung in der extrazellulären Diffusion des

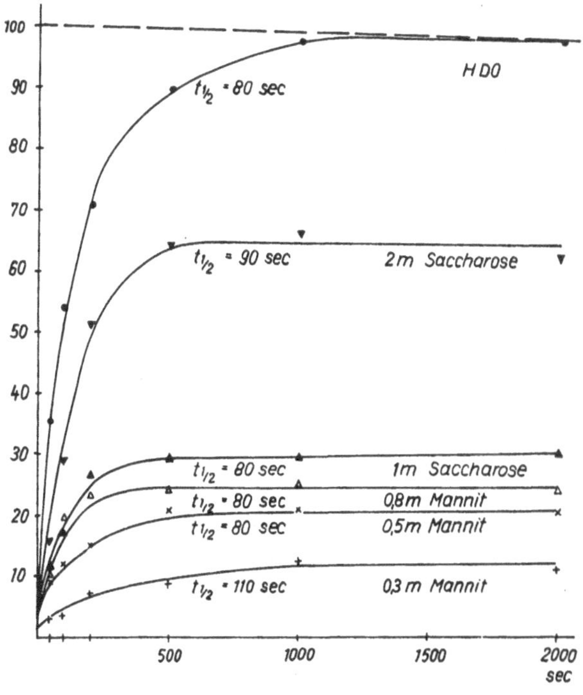

Abb. 17 Zeitliche Änderung des Gewichts von *Vicia faba*-Sekundärwurzeln in hypertonischen Medien. Ordinate: Den Geweben entzogene Wassermenge in Prozent des Gesamtwassers der Wurzel; Abszisse: Zeit in Sekunden. Zum Vergleich ist die mit HDO im Diffusionsversuch erhaltene Austauschkurve des Gewebewassers mit eingezeichnet (obere Kurve)

Diosmotikums (Saccharose) und nicht in der Wasserabgabe der einzelnen Zellen zu suchen ist. Außerdem zeigte sich, daß die Ermittlung der Gewichtsänderungen der Gewebescheiben nur mit einem relativ hohen Fehler möglich ist. Die mit isotop markiertem Wasser an den gleichen Objekten durchgeführten Messungen ergaben hingegen, daß die Geschwindigkeit des Wasseraustausches durch die Abmessungen der Gewebescheiben und nicht durch die Diffusionspermeabilität der Zellmembran bestimmt wird, wodurch zu niedrige Werte erhalten werden.

Experimente an Sekundärwurzeln von *Vicia faba* hatten zum Ergebnis [180], daß bei diesem Objekt der osmotisch bedingte Wasserentzug der gleichen zeitlichen Abhängigkeit folgt wie der Austausch des Gewebewassers im Diffusionsversuch (Abb. 17). Menschliche Erythrocyten zeigten hingegen für den osmotischen Massenfluß einen 2,4mal höheren Wert als für den Diffusionsfluß [189], [190], [166].

Genauere methodische Untersuchungen lassen erkennen, daß durch die Schwierigkeiten, die den Versuchen zur Bestimmung der Wasserpermeabilität mit den beiden Methoden entgegenstehen, die auftretenden Fehler beträchtlich sein können. Es muß daher damit gerechnet werden, daß vor allem viele der in älteren Arbeiten [179], [191] enthaltenen Werte nicht exakt sind.

Um die Bedeutung derartiger Messungen besser beurteilen zu können, ist es notwendig zu prüfen, in welcher Weise die mit den verschiedenen Methoden erhaltenen Permeabilitätskonstanten jeweils die Eigenschaft einer Membran, für Wasser durchlässig zu sein, wiedergeben. Wenn die Zusammensetzung der Lösungen zu beiden Seiten einer für Wasser permeablen Membran gleich ist und auch keine hydrostatischen Druckdifferenzen existieren, werden die Volumina der Lösungen sich nicht verändern. Der Nettotransport (Nettovolumenfluß J_v, siehe Abschnitt 7.3.) ist Null. In den beiden Lösungen werden aber die einzelnen Wassermoleküle auf Grund ihrer Wärmebewegung einer ständigen Ortsveränderung unterworfen sein. Da die Membran für Wasser durchlässig ist, wird diese Ortsveränderung der Einzelmoleküle auch durch die Membran hindurch stattfinden. Im vorliegenden Gleichgewichtszustand ist die Zahl der pro Zeiteinheit durch die Membran hindurchtretenden Wassermoleküle in beiden Richtungen die gleiche, so daß diese Wasserpermeation nach außen hin nicht in Erscheinung tritt (Abb. 18a). Ihre Größe läßt sich jedoch erfassen, wenn man die Wassermoleküle auf der einen Seite der Membran isotop markiert (vgl. Abschnitt 7.2.2.). Man

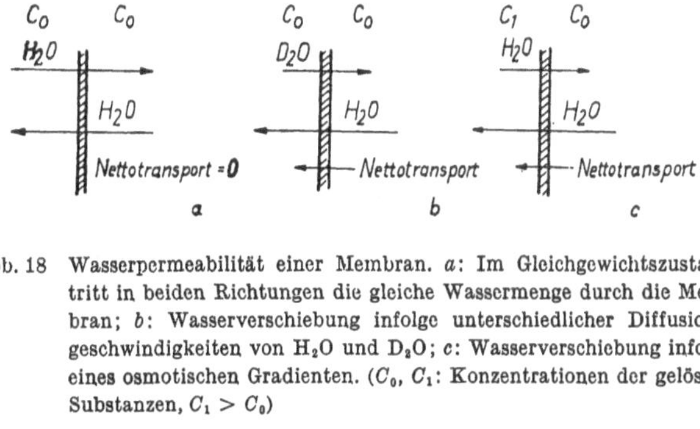

Abb. 18 Wasserpermeabilität einer Membran. *a*: Im Gleichgewichtszustand tritt in beiden Richtungen die gleiche Wassermenge durch die Membran; *b*: Wasserverschiebung infolge unterschiedlicher Diffusionsgeschwindigkeiten von H_2O und D_2O; *c*: Wasserverschiebung infolge eines osmotischen Gradienten. (C_0, C_1: Konzentrationen der gelösten Substanzen, $C_1 > C_0$)

erhält dann ein Maß für den Bruttotransport infolge Selbstdiffusion (oder, da diese Selbstdiffusion durch eine Membran hindurch erfolgt, für die Permeation) des Wassers durch die Membran. Ein geringer Fehler tritt bei derartigen Messungen, wie bereits erläutert, durch die unterschiedlichen Diffusionsgeschwindigkeiten der isotop substituierten Wassermoleküle auf. Ist der Anteil isotop substituierter Wassermoleküle (D_2O, $H_2{}^{18}O$) auf einer Seite der Membran so hoch, daß deren Diffusionsgeschwindigkeit die Menge des von dieser Seite aus durch die Membran permeierenden Wassers bestimmt, so wird auf Grund des Isotopieeffektes in den Diffusionsgeschwindigkeiten von H_2O und D_2O (bzw. $H_2{}^{18}O$) das ursprünglich vorhandene Gleichgewicht gestört, und es kommt zu einem Nettotransport von Wasser durch die Membran (Abb. 18b).

Die Größe der in beiden Richtungen durch die Membran hindurch stattfindenden Wasserbewegung wird auch beeinflußt, wenn man die Konzentration der gelösten Substanz C_s auf einer Seite der Membran verändert. Unterschiedliche osmotische Drücke der Lösungen beidseits der Membran bewirken eine Wasserverschiebung in Richtung der Lösung mit dem höheren osmotischen Wert (Abb. 18c). Die Größe dieses Nettotransports von Wasser ist abhängig von der Größe der osmotischen Druckdifferenz. Wenn die Membran für die gelöste Substanz impermeabel ist, entspricht der Nettotransport dem Wert, der mittels eines dem osmotischen Druck äquivalenten hydrostatischen Drucks erzielbar wäre [192].

Mit Hilfe isotop markierten Wassers (Anwendung der Diffusionsgleichung) ist somit die im Gleichgewichtszustand insgesamt durch die Membran durchtretende Wassermenge erfaßbar, während mit Hilfe der Filtrationsmethoden der unter Einfluß osmotischer oder hydrostatischer Gradienten auftretende Nettotransport von Wasser bestimmt wird.

Es hat nicht an Versuchen gefehlt, die mit beiden Methoden erhaltenen Größen für die Wasserpermeabilitätskonstante unmittelbar miteinander zu vergleichen [179]. Die Schwierigkeiten, die solchen Bemühungen entgegenstehen, resultieren aus der Unterschiedlichkeit der jeweils wirksamen treibenden Kräfte. Den Biologen interessieren nicht nur die Stoffmengen, die durch eine Membran durchtreten, sondern er möchte auch wissen, auf welche Weise der Stoffdurchtritt erfolgt. Für Wasser sind Diffusion und Filtration (Strömung) als die beiden Idealfälle für den Durchtrittsmechanismus bereits genannt worden. Es bleibt zu prüfen, bis zu welchem Maße diese Idealfälle beim Wasserdurchtritt durch die Membran realisiert werden können. Bei Vorliegen einer Diffusionskinetik gilt das FICKsche Gesetz

$$\frac{dm}{dt} = -D \cdot A \cdot \frac{c_2 - c_1}{l} \tag{10}$$

Die pro Zeiteinheit dt diffundierende Menge dm ist abhängig vom Diffusionskoeffizienten D, von der für die Diffusion zur Verfügung stehenden Fläche A, von der Konzentrationsdifferenz $c_2 - c_1$ und der Länge der Diffusionsstrecke l. Für den Durchtritt einer Substanz durch eine Membran würde für l die Membrandicke gelten. Sie ist im allgemeinen nicht bekannt, so daß ihre Größe in die Permeabilitätskonstante P mit einbezogen wird:

$$P = \frac{D}{l} \tag{11}$$

Handelt es sich bei der Membran um eine Lipiddoppelschicht, so ist $l = 45$ Å.

Voraussetzung für die Anwendbarkeit des FICKschen Gesetzes ist, daß keine Wechselwirkung zwischen der durch die Membran durchtretenden Substanz und der Membran erfolgt und daß nur die insgesamt für den Stoffdurchtritt zur Verfügung stehende Fläche A, nicht aber deren Struktur die Größe des Prozesses bestimmt.

Ein Nettotransport von Wasser durch eine Membran, der unter dem Einfluß eines osmotischen oder hydrostatischen Gradienten erfolgt, ist als Massenfluß mit strömungskinetischen Gesetzen zu erfassen. Bei Vorliegen einer Strömungskinetik gilt das HAGEN-POISEUILLEsche Gesetz

$$\frac{dm}{dt} = \frac{\pi \cdot r^4}{8\eta} \frac{p_2 - p_1}{l}, \tag{12}$$

nach welchem die pro Zeiteinheit dt transportierte Menge dm vom Porenradius r, der Druckdifferenz $p_2 - p_1$ entlang der Porenlänge l (Membrandicke) und der Viskosität

η der strömenden Flüssigkeit abhängt. Es müssen also Poren in der Membran vorhanden sein, in denen ein solcher Massenfluß stattfinden kann. Voraussetzung für die Anwendbarkeit des HAGEN-POISEUILLEschen Gesetzes ist die Ausbildung einer laminarer Strömung entsprechenden Geschwindigkeitsverteilung in der strömenden Flüssigkeit. RENKIN [193] hat gezeigt, daß das HAGEN-POISEUILLEsche Gesetz bei Poren mit einem Radius bis herab zu 15 bis 20 Å anwendbar ist. Poren eines solchen Durchmessers müßten mit dem Elektronenmikroskop nachweisbar sein. Diesbezügliche Bemühungen blieben jedoch bis jetzt erfolglos [194], [195]. Die Bestimmung der Porengröße auf indirektem Wege (vgl. Abschnitt 7.3.) ergab für Erythrocytenmembranen Porenradien von etwa 5 Å [196]. LONGUET-HIGGINS und AUSTIN [197] haben sich mit den theoretischen Problemen der Anwendbarkeit des HAGEN-POISEUILLEschen Gesetzes bei Poren beschäftigt, deren Dimensionen so klein sind, daß ein Lösungsmittelmolekül ein anderes nicht überholen kann. Aus theoretischen Überlegungen wird eine Gleichung abgeleitet, in welcher der Koeffizient für den hydrodynamischen Massenfluß in stärkerem Maße vom Selbstdiffusionskoeffizienten der gelösten Substanz als von der 4. Potenz des Porenradius (wie im HAGEN-POISEUILLEschen Gesetz) abhängt. Die Autoren kommen zu dem Ergebnis, daß für Porenradien, die kleiner als 5,4 Å sind, ein Diffusionsmechanismus wirksam ist, oberhalb dieses Wertes ist der Transport hydrodynamisch. Für die Koeffizienten des hydrodynamischen Massenflusses werden in biologischen Membranen mit einem Porenradius von 4,5 Å experimentell größere Werte gefunden als für jene der Diffusion [197].

Wenn die Poren einer Membran so eng sind, daß Wassertransport nur durch Diffusion stattfinden kann, dann ist der Transport proportional der Porenfläche r^2. Wenn die Poren so groß sind, daß die Diffusionskomponente gegenüber dem Massenfluß vernachlässigbar ist, gilt das HAGEN-POISEUILLEsche Gesetz und der Transport ist proportional

r^4. In einem Übergangsbereich (Porenradius $r = 4-5$ Å) liegt der Proportionalitätsfaktor zwischen r^2 und r^4 [198]. Inwieweit jedoch in einem solchen Falle, in welchem der Porenradius kleiner als 4,5 Å ist, eine Wechselwirkung des Wassers mit der Membran vernachlässigt und damit tatsächlich das FICKsche Gesetz angewendet werden kann, bleibt offen. Eine Voraussetzung der Diffusion, die freie Beweglichkeit der Wassermoleküle, ist ja gerade unter diesen Bedingungen nicht gewährleistet.

In den meisten biologischen Membranen werden weder die Voraussetzungen für die Anwendbarkeit des FICKschen Gesetzes (keine Wechselwirkung der diffundierenden Substanz mit den Membranstrukturen, Abhängigkeit der diffundierten Menge von der Diffusionsfläche) noch die Voraussetzungen für die Anwendbarkeit des HAGEN-POISEUILLEschen Gesetzes (reine Abhängigkeit der Strömung vom Porenradius bei Ausbildung einer der laminaren Strömung entsprechenden Geschwindigkeitsverteilung) streng erfüllt sein. Mit den Größen D der Diffusionsgleichung (10) und $\frac{r^2}{8\eta \cdot l} \cdot RT$ der Strömungsgleichung (12) (der Faktor RT ergibt sich aus der Umrechnung von Druckdifferenzen in Konzentrationsdifferenzen über das VAN'T HOFFsche Gesetz, $p \cdot V = n\,RT$, oder, da $c = \frac{n}{V}$, $p = c\,RT$; n: Molzahl, V: Volumen, R: Gaskonstante, T: Temperatur) können daher nur Idealfälle der allgemeinen Wasserpermeabilitätskonstante P_w formal dargestellt werden, ohne vollständige Aussagen über den Mechanismus des Stoffdurchtritts zu liefern. Die Größe der Wasserpermeabilitätskonstante P_w in der allgemeinen Permeabilitätsgleichung

$$\frac{dm}{dt} = P_w A (c_2 - c_1) \tag{13}$$

wird sicher darüber hinaus von zahlreichen anderen Faktoren beeinflußt. Solche Faktoren können beispielsweise die Molekülstruktur des Wassers in der Membran (und damit die Wechselwirkung Wasser—Wasser in der Membran) sowie das Verteilungsgleichgewicht des Wassers zwischen Außenmedium und Membran sein. Mit klassischen Methoden lassen sich solche Einflüsse auf die Größe der Permeabilitätskonstante P_w und die daraus resultierenden Wirkungen auf die Wasserpermeation nicht mehr erfassen. In den letzten Jahren wurden unter Anwendung der Thermodynamik irreversibler Prozesse mathematische Hilfsmittel geschaffen, die der Komplexität der zu analysierenden Prozesse weitgehend gerecht werden. Sie erlauben eine quantitative Beschreibung der Wechselwirkungen zwischen den verschiedenen am Stoffdurchtritt beteiligten Systemen, wie gelöste Substanz-Lösungsmittel, gelöste Substanz-Membran, Lösungsmittel-Membran usw. Vielfach fehlen jedoch über die hierbei wirksamen Kräfte geeignete experimentelle Befunde, so daß es zur Zeit nicht möglich ist, zu endgültigen Aussagen über die Mechanismen der Permeationsprozesse zu gelangen.

7.3. Analyse der Wasserpermeabilität mit Hilfe der Thermodynamik irreversibler Prozesse

Bei den meisten Untersuchungen über die Wasserpermeabilität pflanzlicher und tierischer Zellen und Gewebe wurde versucht, mittels klassischer Methoden zu Aussagen über die permeierenden Substanzmengen und den Mechanismus der Permeation zu gelangen. Hierbei sind im wesentlichen Diffusion, Filtration und, falls die Elektroosmose in die Betrachtungen einbezogen wurde, elektrokinetische Phänomene zur Erklärung der ablaufenden Reaktionen herangezogen worden. Wechselwirkungen des permeierenden Wassers mit der Membran und dem in der Membran befindlichen strukturbildenden Wasser sowie mit gelösten Stoffen fanden bei den Berechnungen keine Berücksichtigung. In lebenden Zellen treten jedoch alle diese Wechselwirkungen auf, so daß die Änderung des Einzelprozesses Verschiebungen der Gleichgewichte aller anderen Prozesse hervorruft. Eine mathematische Behandlung und physikalisch-chemische Analyse dieser gegenseitigen Abhängigkeiten ist mit klassischen Methoden nicht möglich.

Die Grundlagen für eine neue Behandlungsweise der Permeationsprozesse durch Membranen stammen von KEDEM und KATCHALSKY [199], [200]. Ihr Verfahren, das auf der Thermodynamik irreversibler Prozesse beruht [201], ermöglicht die Analyse der Wechselwirkungen zwischen den verschiedenen in einem System vorhandenen Kräften und Flüssen.

Zur Einführung in die Grundlagen der Thermodynamik irreversibler Prozesse ist es nötig, einige Definitionen zu geben. In der Thermodynamik unterscheidet man isolierte, geschlossene und offene Systeme. Ein System wird als ein isoliertes System bezeichnet, wenn es weder Materie noch Energie mit seiner Umwelt austauscht. Ein abgeschlossenes System tauscht zwar Energie, aber nicht Materie mit seiner Umgebung aus, während ein offenes System beides austauscht. Lebende biologische Systeme sind generell offen: Stoffaufnahme und -abgabe sind für sie charakteristisch. Zur Beschreibung eines Zustandes eines thermodynamischen Systems werden Zustandsgrößen verwendet. Deren Wert ist durch den momentanen Zustand eindeutig gegeben, unabhängig vom Weg, auf dem dieser Zustand erreicht wurde. Beispiele sind die Temperatur, das Volumen, der Druck, die Molzahlen der vorhandenen Komponenten, jedoch nicht die Wärme. Änderungen eines Zustandes können reversibel und irreversibel erfolgen. Das Kriterium für die Reversibilität eines Vorganges besteht darin, daß man auf den vorgegebenen Prozeß den im umgekehrten Sinne durchlaufenen Prozeß in solcher Weise folgen lassen kann, daß keine Änderungen irgendwelcher Art in der Umgebung zurückbleiben. Diese Prozesse haben hervorragende theoretische Bedeutung. Was wir jedoch erleben, sind stets irreversible Vorgänge; wir können der Reversibilität im Experiment lediglich nahekommen.

Die im 19. Jahrhundert entwickelte „klassische“ Thermodynamik (besser: Thermostatik) behandelt Gleichgewichtszustände und reversible Zustandsänderungen geschlossener Systeme. Eine Erweiterung auf irreversible Änderungen und auf offene Systeme erfolgte in den vergangenen 40 Jahren.

Grundlage jeglicher Thermodynamik ist der Energiesatz (1. Hauptsatz). Er verknüpft die Änderung der inneren Energie dU eines Systems mit der zu- bzw. abgeführten Wärme dQ und der vom System nach außen abgeführten bzw. der am System geleisteten Arbeit $p\,dV$:

$$dU = dQ - p\,dV \tag{14}$$

Jedoch ist, wie bereits erwähnt, die Wärme keine Zustandsgröße. Eine solche erhält man durch Einführung der „Entropie“ S, deren Änderung dS für reversible Vorgänge definiert ist durch

$$dS = \frac{dQ}{T} \quad (T = \text{absolute Temperatur}) \tag{15}$$

Wird der Zustand eines Systems in der Weise geändert (reversibel), daß man schließlich den Ausgangszustand wieder erreicht, führt man also einen Kreisprozeß durch, dann ändert sich die Entropie des Systems nicht. Wirkliche Vorgänge sind irreversibel, bei ihnen nimmt die Entropie eines nach außen abgeschlossenen Systems zu. Über den Verlauf solcher irreversibler Prozesse sagt die Gleichgewichtsthermodynamik jedoch nichts aus, ebensowenig wie über die Änderung der Entropie offener Systeme.

Die genannte Erweiterung der Thermodynamik führt für offene Systeme zu dem Ergebnis

$$\frac{dS}{dt} = \left(\frac{dS}{dt}\right)_a + \left(\frac{dS}{dt}\right)_i \tag{16}$$

Die gesamte Entropieänderung des Systems $\frac{dS}{dt}$ läßt sich aufspalten in den Entropieaustausch mit der Umgebung $\left(\frac{dS}{dt}\right)_a$ und die Entropieerzeugung durch irreversible Prozesse innerhalb des Systems $\left(\frac{dS}{dt}\right)_i$. Letzterer Term ist stets positiv, wie oben ausgesagt, der erste Term kann größer, gleich oder kleiner als Null sein, so daß insgesamt die Entropie eines offenen Systems auch abnehmen kann, was bei geschlossenen nicht möglich ist.

Bei den in den folgenden Abschnitten behandelten Modellen interessieren nur die innerhalb des Systems ablaufenden Prozesse, so daß nur der Term $\left(\frac{dS}{dt}\right)_i$ betrachtet wird. Es würde den Rahmen dieser Einführung sprengen, auf seine Berechnung einzugehen.

Zur Behandlung irreversibler Vorgänge ist es notwendig, verallgemeinerte „Flüsse" und verallgemeinerte „Kräfte" einzuführen. Unter einem Fluß versteht man dabei z. B. einen Wärmestrom, einen elektrischen Strom, einen Materiestrom, eine chemische Reaktionsgeschwindigkeit. Diese Flüsse werden durch Kräfte wie Temperaturgradienten, elektrische Spannungen, Konzentrationsgradienten oder chemische Potentiale hervorgerufen. Befindet sich das System in der Nähe des Gleichgewichts (bei geschlossenen Systemen) bzw. des Fließgleichgewichts (bei offenen Systemen), so besteht zwischen dem Fluß J und der ihn hervorrufenden Kraft X ein linearer Zusammenhang:

$$J = L \cdot X \tag{17}$$

Hierbei bedeutet L eine Konstante, wie z. B. die Wärmeleitfähigkeit, oder den elektrischen Leitwert, einen Diffusionskoeffizienten oder einen chemischen „Zug"-Koeffizienten.

Treten zwei oder mehrere Flüsse und Kräfte auf, so beobachtet man Überlagerungserscheinungen. Der Fluß

J_i hängt nicht nur von seiner zugeordneten Kraft X_i, sondern auch von allen anderen Kräften ab. Wird wieder rein linearer Zusammenhang vorausgesetzt, so ergibt sich

$$\begin{aligned} J_1 &= L_{11}X_1 + L_{12}X_2 + \cdots + L_{1n}X_n \\ J_2 &= L_{21}X_1 + L_{22}X_2 + \cdots + L_{2n}X_n \\ J_3 &= L_{31}X_1 + L_{32}X_2 + \cdots + L_{3n}X_n \\ &\vdots \\ J_n &= L_{n1}X_1 + L_{n2}X_2 + \cdots + L_{nn}X_n \end{aligned} \tag{18}$$

Die Koeffizienten L_{ii} (2 gleiche Indizes) sind die obengenannten Konstanten, während die L_{ij} die Kopplung oder die Wechselwirkung zwischen den betrachteten Prozessen beschreiben. Für sie gelten die ONSAGERschen Reziprozitätsbeziehungen

$$L_{ij} = L_{ji} \tag{19}$$

Die verallgemeinerten Flüsse und Kräfte können in der zur Beschreibung der jeweiligen experimentellen Situation günstigsten Weise gewählt werden, jedoch muß gewährleistet sein, daß die Beziehung

$$T \cdot \left(\frac{dS}{dt}\right)_i = J_1X_1 + J_2X_2 + \cdots + J_nX_n \tag{20}$$

erfüllt ist, d. h. die Summe der aus den jeweiligen Flüssen J_i und den Kräften X_i gebildeten Produkte muß gleich dem Produkt aus der absoluten Temperatur T und der auf anderem Wege berechneten Entropieproduktion $\left(\frac{dS}{dt}\right)_i$ sein.

Für die Analyse des Permeationsprozesses durch Membranen wählten KEDEM und KATCHALSKY [199] als Ströme den gesamten Volumenfluß J_v durch die Membran (gelöste Substanz zusammen mit dem Lösungsmittel) und die relative Geschwindigkeit J_D der gelösten Substanz gegen das Lösungsmittel. Die konjugierten Kräfte sind dementsprechend die Druckdifferenz Δp durch die Membran und die der Konzentrationsdifferenz ΔC_s der gelösten Substanz proportionale Größe $RT\ \Delta C_s$. Dieser Ansatz bezieht sich auf den gleichzeitigen Durchtritt einer gelösten Substanz s und von Wasser w durch die Membran. Entsprechend (20) ergibt sich

$$\frac{d_i S}{dt} = J_v \Delta p + J_D RT \Delta C_s. \tag{21}$$

Der phänomenologische Koeffizient, der die Beziehung zwischen dem Volumenfluß J_v und seiner korrespondierenden Kraft herstellt, ist der Druckfiltrationskoeffizient L_p. Somit gilt (bei der Konzentrationsdifferenz $\Delta C_s = 0$)

$$J_v = L_p \Delta p. \tag{22}$$

Die relative Geschwindigkeit von gelöster Substanz und Lösungsmittel J_D ist proportional der Konzentrationsdifferenz der gelösten Substanz $RT \Delta C_s$ (bei der Druckdifferenz $\Delta p = 0$)

$$J_D = L_D RT \Delta C_s. \tag{23}$$

L_p ist verknüpft mit dem Permeabilitätskoeffizienten P_W für Wasser, während L_D mit dem Permeabilitätskoeffizienten P_S der gelösten Substanz korreliert ist (vgl. S. 95).

Zwischen diesen Größen läßt sich mit Hilfe der Kreuzkoeffizienten L_{ij} eine Beziehung herstellen. Bei Vorhandensein nicht streng semipermeabler Membranen wird nämlich unter dem Einfluß der Druckdifferenz Δp mehr Wasser als gelöste Substanz durch die Membran transportiert, so daß gleichzeitig J_D beeinflußt wird. Kedem und Katchalsky [199] bezeichneten den Koeffizienten, der die Beziehung zwischen J_D und Δp herstellt, als L_{Dp}, den Koeffizienten der Ultrafiltration. Der Volumenfluß pro Einheit der Konzentrationsdifferenz wird durch den osmotischen Koeffizienten L_{pD} charakterisiert, der die Beziehung zwischen J_v und $RT\,\Delta C_s$ beschreibt.

Da nach ONSAGER [203], [204] die Matrix der Koeffizienten L_{ij} symmetrisch ist (Gleichung 19), reduziert sich die Zahl unabhängiger Koeffizienten auf $n\,\frac{(n+1)}{2}$ (statt n^2) für n Gleichungen. Daraus folgt, daß bei richtiger Wahl der Ströme und Kräfte die Kreuzkoeffizienten gleich sind ($L_{pD} = L_{Dp}$) [201]. Die Permeabilität einer Membran gegenüber einer gelösten Substanz in Gegenwart von Wasser ist demnach charakterisiert durch

$$J_v = L_p\,\Delta p + L_{pD}\,RT\,\Delta C_s \tag{24}$$

$$J_D = L_{Dp}\,\Delta p + L_D\,RT\,\Delta C_s. \tag{25}$$

Eine genauere Betrachtung der Gleichungen (24) und (25) verdeutlicht die physikalische Bedeutung der drei Koeffizienten L_p, L_{pD} ($= L_{Dp}$) und L_D: Der Koeffizient L_p repräsentiert den Volumenfluß J_v pro Einheit der Druckdifferenz Δp, wenn die Konzentrationen der gelösten Substanz zu beiden Seiten der Membran gleich sind. Er ist daher der mechanische Koeffizient der Filtration. Der Koeffizient L_D definiert den Strom J_D bei gleichen Drücken beidseits der Membran und hat die Charakteristik eines Diffusionskoeffizienten. Die physikalische Bedeutung des Wechselwirkungskoeffizienten L_{pD} liegt darin, daß er einerseits den osmotischen Volumenfluß pro Einheit des osmotischen Gradienten bei $\Delta p = 0$, andererseits den Grad der Ultrafiltration, hervorgerufen durch den mechanischen Druck bei $\Delta C_s = 0$ charakterisiert. In nicht selektiven Membranen tritt weder osmotischer Fluß noch Ultrafiltration auf, der untere Grenzfall $L_{pD} = 0$ ist verwirklicht. Die obere Grenze für L_{pD} ist bei ideal semipermeablen Membranen gegeben, die den Transport der gelösten Substanz vollständig hemmen. In diesem Fall gilt

$$L_{pD} = -L_p = -L_D. \tag{26}$$

In biologischen Membranen wird eine strenge Semipermeabilität selten realisiert sein. Der Durchtritt gelöster Substanzen durch die Membran muß daher berücksichtigt werden. Um die relativen Größen der Permeabilitäten von gelöster Substanz und Lösungsmittel beschreiben zu können, hat STAVERMAN [205] den Reflexionskoeffizienten σ eingeführt:

$$\sigma = -\frac{L_{pD}}{L_p}. \tag{27}$$

In einer ideal semipermeablen Membran ist σ auf Grund der Beziehung (26) gleich Eins. In einer nichtselektiven Membran ist σ gleich Null. Somit ist σ ein Maß für die Semipermeabilität einer Membran gegenüber einer gelösten Substanz.

Der Koeffizient L_D ist nicht ohne weiteres zu interpretieren. Die relative Geschwindigkeit des Durchtritts von gelöster Substanz zum Lösungsmittel kann nicht unmittelbar gemessen werden. Der Durchtritt gelöster Substanz durch die Membran, J_s, ist jedoch leicht bestimmbar. Da $J_v + J_D$ den Gesamtfluß jenes Volumenteils der Lösung wiedergeben, der von der gelösten Substanz eingenommen wird, ist die Gesamtzahl der durch die Membran durchtretenden Mole gelöster Substanz gleich

$$J_s = (J_v + J_D) C_s. \tag{28}$$

Unter Berücksichtigung der Gleichungen (19), (24), (25) und (27) erhält man daraus

$$J_s = (1 - \sigma) J_v C_s + (L_D - \sigma^2 L_p) C_s R T \Delta C_s, \tag{29}$$

wobei für $(L_D - \sigma^2 L_p) C_s$ auch ω gesetzt werden kann. Der Proportionalitätskoeffizient $(L_D - \sigma^2 L_p) C_s R T$ ist der konventionelle Permeabilitätskoeffizient P_s der gelösten Substanz, wenn kein Nettovolumenfluß durch die Membran stattfindet ($J_v = 0$).

Mit ω, σ und L_p sind somit drei unabhängige Größen definiert, die alle experimentell zugänglich sind und aus denen L_p, L_D und $L_{pD} = L_{Dp}$ abgeleitet werden können. Man bezeichnet ω, σ und L_p als die phänomenologischen Koeffizienten.

Zur Bestimmung von ω ist entsprechend Gl. (29) der Permeabilitätskoeffizient P_s der gelösten Substanz beim Nettovolumenfluß Null zu messen. Dies ist nur unter Verwendung von isotop markierten Verbindungen als permeierende Substanzen möglich. Für Wasser erhält man die Werte von ω durch Messung von P_W im Austauschversuch mit HDO, HTO oder $H_2{}^{18}O$ [206].

Zur Ermittlung von σ bestimmt man mit isotonischen Lösungen (C_s) nichtpermeierender Substanzen ($\sigma = 1$) die Konzentration der gelösten Substanzen (C_i) in der Zelle. Im Zustand der Grenzplasmolyse, wenn die Zellen weder schrumpfen noch anschwellen, gilt die Beziehung [206]

$$C_i = \sigma C_s, \tag{30}$$

so daß nach Kenntnis von C_i die Größe des Reflexionskoeffizienten σ für die permeierende Substanz bestimmt werden kann, indem man die Konzentration C_s dieser Substanz bei der Grenzplasmolyse ermittelt. Zur Messung von L_p, der hydraulischen Leitfähigkeit, ist es notwendig, die zeitliche Volumenänderung einer Zelle oder eines Gewebeabschnittes unter dem Einfluß eines hydrostatischen Druckgradienten zu messen. Experimentell einfacher realisierbar ist die Messung eines Volumenflusses unter dem Einfluß eines osmotischen Gradienten (vgl. Abschnitt 7.2.1.). Wählt man hierbei eine Substanz als Diosmotikum, für welche die Membran streng semipermeabel ist ($\sigma = 1$), so gilt entsprechend (26) $L_p = -L_{pD}$. Der entsprechende Volumenfluß ist daher mit dem Volumenfluß identisch, den ein hydrostatischer Druck gleicher Größe erzeugen würde.

KEDEM und KATCHALSKY [200] haben gezeigt, wie man die phänomenologischen Koeffizienten in sog. Reibungskoeffizienten (frictional coefficients) überführen kann, die eine leicht interpretierbare physikalische Bedeutung besitzen. Hierbei wird der Strömungswiderstand, den die Membran m dem Lösungsmittel w entgegensetzt, als Reibungskoeffizient f_{wm} bezeichnet. Der Reibungskoeffizient f_{sw} bezieht sich auf die Wechselwirkung zwischen gelöster Substanz und Lösungsmittel, f_{sm} auf die zwischen gelöster Substanz und Membran. Über die Beziehungen

$$\sigma = 1 - \frac{\overline{V}_s}{L_p} - \frac{K f_{sw}}{\varphi_w^m (f_{sw} + f_{sm})} \tag{31}$$

$$\omega = \frac{\varphi_w^m}{\Delta x (f_{sw} + f_{sm})} \quad \text{und} \tag{32}$$

$$L_p = \frac{\varphi_w^m}{\Delta x [(f_{wm}/\overline{V}_w) + f_{sm}(1 - \sigma)\overline{C}_s]} \tag{33}$$

stehen die phänomenologischen Koeffizienten mit den Reibungskoeffizienten in Beziehung [200], [208]. Hierbei bedeuten $\overline{V}_s$ das partielle Molvolumen der gelösten Substanz, $\overline{V}_w$ jenes des Lösungsmittels, $\overline{C}_s$ die mittlere Konzentration der gelösten Substanz in der Membran, K den Verteilungskoeffizient für die gelöste Substanz zwischen dem Wasser und der Membran, φ_w^m den Volumenanteil des Wassers in der Membran und Δx die Dicke der Membran.

GINZBERG und KATCHALSKY [208] haben die Reibungskoeffizienten für die Diffusion von Anelektrolytlösungen (Zucker, Harnstoff) durch synthetische Membranen ermittelt. Bei diesen stark gequollenen Membranen wurde gefunden, daß der Koeffizient f_{sm} etwa eine Größenordnung, f_{wm} sogar drei Größenordnungen kleiner als f_{sw} ist. Der Hauptwiderstand gegenüber dem

Transport resultiert in diesem System demnach aus der Reibung zwischen Lösungsmittel und gelöster Substanz. Analoge Bestimmungen der Reibungskoeffizienten für biologisches Material liegen noch nicht vor, da die Werte für φ_m^w, den Volumenanteil des Wassers in der Membran, deren Dicke Δx und für den Verteilungskoeffizienten K nicht bekannt sind.

Da, wie aus den Gleichungen (32) und (33) hervorgeht, bei niedrigen Konzentrationen von $\overline{C}_s$ das Verhältnis von ω zu L_p unabhängig von den Unbekannten φ_m^w, K und Δx ist (34), läßt sich dieses Verhältnis zur Beurteilung der Wasserpermeabilität biologischer Membranen heranziehen [209]:

$$\frac{\omega}{L_p} = \frac{f_{wm}}{f_{sw} + f_{sm}} \cdot \frac{1}{\overline{V}_w}. \tag{34}$$

Im Falle des Wassertransports entspricht ω dem Permeabilitätskoeffizienten P_w, der unter Verwendung isotop markierten Wassers bestimmbar ist. Die Reibungskoeffizienten f_{sw} und f_{sm} können ersetzt werden durch f_{ww} (Wechselwirkung der Wassermoleküle miteinander) und f_{wm} (Wechselwirkung des Wassers mit der Membran). Vernachlässigt man gleichzeitig die Isotopieeffekte, die bei der Diffusion isotop markierten Wassers in $H_2{}^{16}O$ auftreten und deren Größen unter 3% liegen [186], so erhält man aus (34) die Beziehung

$$\frac{L_p}{\overline{V}_w} = \frac{f_{ww} + f_{wm}}{f_{wm}} = 1 + \frac{f_{ww}}{f_{wm}}. \tag{35}$$

Die Gleichung (35) zeigt, daß eine Abweichung des Verhältnisses des osmotischen Permeabilitätskoeffizienten zum Diffusionspermeabilitätskoeffizienten des Wassers, (also von L_p zu P_w) von eins ein Maß dafür ist, in welchem Verhältnis die Reibungskoeffizienten Wasser-Wasser und Wasser-Membran zueinander stehen. SOLO-

MON u. a. [189], [190] bestimmten für menschliche Erythrocyten die beiden Permeabilitätskoeffizienten L_p und P_w unter vergleichbaren Bedingungen zu

$$L_p = 1{,}5 \times 10^{-14}\ ml\ H_2O\ sec^{-1}\ (cm\ H_2O)^{-1}\ (Zelle)^{-1}$$

$$P_w = 0{,}62 \times 10^{-14}\ ml\ H_2O\ sec^{-1}\ (cm\ H_2O)^{-1}\ (Zelle)^{-1}.$$

Somit ist bei Erythrocyten der osmotische Wasserfluß 2,4mal größer als der Diffusionsfluß, woraus nach (34) für das Verhältnis der Reibungskoeffizienten folgt

$$\frac{f_{ww}}{f_{wm}} = 1{,}4.$$

Das bedeutet, daß die Wechselwirkung der Wassermoleküle untereinander beim Durchtritt durch die Erythrocytenmembran stärker ist als die Wechselwirkung der Wassermoleküle mit der Membran. Es ist daher anzunehmen, daß die Wassermoleküle nicht als Einzelmoleküle durch die Membran durchtreten, sondern über Wasserstoffbrücken als Aggregate miteinander in Verbindung stehen. Da die Wechselwirkungen der Wassermoleküle über H-Brücken stärker als die VAN DER WAALSschen Kräfte zwischen dem Wasser und den Membranstrukturen sind, ist der Wert von 1,4 für das Verhältnis von f_{ww} zu f_{wm} leicht verständlich. Allerdings handelt es sich auch hierbei nur um Näherungswerte, ohne daß eine vollständige Charakterisierung der in der Membran wirksamen Kräfte daraus abgeleitet werden könnte. Wichtig ist jedoch die Bestätigung der aus anderen Untersuchungen hervorgegangenen Ergebnisse, daß Wassermoleküle in der Membran offensichtlich in assoziierter Form vorliegen (vgl. Abschnitt 5). Diese Assoziate können Poren in der Membran ausfüllen oder aber regellos in der Membran verteilt sein und durch Knüpfen und Lösen von

H-Brücken ständig neu gebildet oder wieder aufgelöst werden.

Die thermodynamische Analyse der Permeationsprozesse wird nicht nur dazu verwendet, die Prozesse des Stoffdurchtritts durch die Membran zu charakterisieren, sie findet vielmehr auch Anwendung zur Analyse der Membranstruktur selbst. Um in dieser Richtung zu detaillierteren Informationen zu gelangen, ist es allerdings notwendig, nicht nur die Wasserpermeation, sondern auch die Permeation der Elektrolyte und Anelektrolyte in die Betrachtungen einzubeziehen.

Die grundlegende Frage, ob der Permeationsprozeß ein Transport durch Membranporen oder über eine homogene Lipoidphase ist, kann jedoch nicht eindeutig beantwortet werden. Mit Hilfe der thermodynamischen Analyse ist es nur möglich, die Verhaltensweise der Membran in bezug auf diese beiden Grenzwerte zu prüfen. Im allgemeinen gelingt es, mit einem Membranmodell in Form einer einfachen Lipoiddoppelschicht die vorhandenen Daten über die Zellpermeabilität zu beschreiben. Drei Ausnahmen passen aber nicht in dieses Bild [209]:

a) Die Geschwindigkeit der Wasserpermeation ist im allgemeinen höher, als von einem Molekül zu erwarten wäre, das vier Wasserstoffbrückenbindungen mit anderen Wassermolekülen bilden kann.

b) Die Geschwindigkeit der Harnstoffpermeation durch tierische Zellmembranen ist anormal hoch.

c) Die Penetration von Ionen hat komplexen Charakter; sie kann nicht mit einem einfachen Modell erklärt werden.

Es läßt sich zeigen, daß ein großer Teil dieser Ausnahmen durch die Annahme eines Porenmodells der Membran [210] erklärt werden kann [209]. Solomon [196] beschreibt, wie man aus der Größe des Reflexionskoeffizienten σ die Größe von Membranporen bestimmen kann. Die Gleichungen (36) und (37) stellen eine quantitative Beziehung zwischen σ und dem Porenradius r her [211]

$$1 - \sigma = \frac{A_{sf}}{A_{wf}} \tag{36}$$

$$\frac{A_{sf}}{A_{wf}} = \frac{\left[2\left(1-\frac{a}{r}\right)^2 - \left(1-\frac{a}{r}\right)^4\right]\left[1 - 2{,}104\,\frac{a}{r} + 2{,}09\left(\frac{a}{r}\right)^3 - 0{,}95\left(\frac{a}{r}\right)^5\right]}{\left[2\left(1-\frac{a_w}{r}\right)^2 - \left(1-\frac{a_w}{r}\right)^4\right]\left[1 - 2{,}104\,\frac{a_w}{r} + 2{,}09\left(\frac{a_w}{r}\right)^3 - 0{,}95\left(\frac{a_w}{r}\right)^5\right]} \tag{37}$$

Hierbei bedeuten A die scheinbaren Porenflächen für die Filtration, und zwar für die gelöste Substanz (A_{sf}) und für Wasser (A_{wf}), a der Molekülradius des Testmoleküls, a_w der Molekülradius des Wassers und r der äquivalente Porenradius. Der Begriff äquivalenter Porenradius wurde eingeführt, um den Radius zu beschreiben, der dem Porenradius einer idealen Membran entspricht, die einheitliche, runde Poren besitzt, in denen Diffusion und Massenfluß (beschrieben durch das Ficksche und das Hagen-Poiseuillesche Gesetz) möglich sind [166].

Mißt man r für eine Anzahl von nicht lipoidlöslichen Anelektrolyten, so läßt sich aus (36) und (37) der äquivalente Porenradius berechnen. Auf diesem Wege wurden Werte von 4,2 Å für menschliche Erythrocyten, 5,6 bis 6,5 Å für Nierengewebe und 8,5 Å für das Tintenfischaxon erhalten [196].

Koefoed-Johnsen und Ussing [172] sowie Pappenheimer, Renkin und Borrero [212] wiesen unabhängig voneinander nach, daß es möglich ist, allein durch Analyse des Wasserdurchtritts durch Membranen deren

Porengröße zu ermitteln. Das Verhältnis der hydraulischen Leitfähigkeit L_p, gemessen unter dem Einfluß eines osmotischen oder hydrostatischen Gradienten, zur Größe der Wasserdiffusion P_w durch die Membran liefert ein Maß für die Berechnung des äquivalenten Porenradius. Wenn der Wasserdurchtritt durch wassergefüllte Poren mit dem Radius r erfolgt, so ist die für die Diffusion zur Verfügung stehende Fläche gleich $n\pi r^2$, wobei n die Zahl der Poren darstellt. Die Größe der Diffusion kann entsprechend Gleichung (10) aus dem Diffusionskoeffizienten D, der Fläche $n\pi r^2$ und dem Konzentrationsgradienten berechnet werden. Den Massenfluß erfaßt entsprechend Gleichung (12) das HAGEN-POISEUILLEsche Gesetz. Seine Größe ist $n\pi r^4/8\eta$, multipliziert mit dem Druckgradienten, wobei η die Viskosität des Wassers ist. Aus den beiden Beziehungen kann man, reine Diffusion beziehungsweise reinen Massenfluß vorausgesetzt, bei Kenntnis von D und η den Porenradius r als einzige Unbekannte ermitteln.

Durch die Theorie des äquivalenten Porenradius konnten wichtige Informationen zur Charakterisierung biologischer Membranen gewonnen werden [198]. Eine Analyse der zahlreichen Faktoren, welche die Ergebnisse solcher Untersuchungen beeinflussen, wird unsere Kenntnis über die Struktur und Funktion der biologischen Membranen wesentlich erweitern.

8. Die Wirkung des schweren Wassers auf lebende Organismen

8.1. Vorbemerkungen

In den vergangenen Abschnitten ist dargelegt, welche Bedeutung das Wasser bei der Ausbildung höherer Strukturen biologischer Makromoleküle besitzt, in welchem

Maße seine Beteiligung an der Ausbildung zelleigener Strukturen (z. B. Membranen) denkbar ist und in welcher Weise Wechselwirkungen zwischen dem Wasser und den in biologischen Systemen vorhandenen Stoffen bei der Betrachtung von Transportvorgängen erfaßt werden können. Die Rolle des Wassers als Lösungsmittel für alle in lebenden Organismen ablaufenden Reaktionen, als Reaktionspartner zahlreicher biochemischer Umsetzungen, als Transportvehikel für gelöste Substanzen beim Ferntransport in Pflanze und Tier, aber auch als Stoff, der zur Temperaturregulation bei Pflanze und Tier genutzt wird, unterstreicht seine große Bedeutung für die Aufrechterhaltung der Lebensprozesse. Es ist daher verständlich, daß sich im Verlaufe der Evolution zahlreiche Einrichtungen entwickelt haben, die eine optimale Wasserversorgung des Organismus gewährleisten sollen. So sind bei Einzellern mit den kontraktilen Vakuolen Organelle zu finden, die durch ihre Tätigkeit aktiv die Wasserführung der Zellen beeinflussen. Der Anpassung an Bedingungen extrem schlechter Wasserversorgung dienen bei Pflanzen zahlreiche morphologische Veränderungen, die meist in Richtung einer Verringerung der transpirierenden Oberfläche zielen. Tiere regulieren ihren Wasserhaushalt mit Hilfe der Nieren und Schweißdrüsen.

Mit dem Wasserhaushalt lebender Organismen eng gekoppelt ist deren Salzhaushalt. Da eine Abnahme des Wassergehalts zwangsläufig eine Erhöhung der Konzentration gelöster Stoffe in der Zelle bedeutet, können in deren Folge wiederum Änderungen im Stoffwechsel eintreten. Somit sind bereits unter natürlichen Bedingungen die mit dem Wasserhaushalt im Zusammenhang stehenden Probleme sehr komplexer Natur, wobei eine Abgrenzung der auf Wassermangel und der auf Salzeinfluß beruhenden Wirkungen in den meisten Fällen kaum möglich sein dürfte.

In den letzten Jahren wurde in steigendem Maße versucht, die Unterschiede in den Eigenschaften des natürlichen Wassers (genauer des leichten Wassers $H_2{}^{16}O$) und des schweren Wassers (D_2O) zu nutzen, um Aussagen über die Rolle des Wassers in biologischen Systemen zu erhalten [213]. Da bei diesen Versuchen als einzige Veränderung im Organismus der Austausch des Wassers natürlicher isotoper Zusammensetzung gegen schweres Wasser erfolgt, scheinen zunächst die Versuchsbedingungen recht übersichtlich zu sein, so daß eine Analyse der eintretenden Veränderungen direkte Hinweise auf die Rolle des Wassers liefern müßte. Es mußte jedoch bald nach Durchführung der ersten Experimente in dieser Richtung erkannt werden, daß das schwere Wasser eine ganze Kette von Veränderungen bewirkt, die sich in recht verschiedener Weise äußern, jedoch stets zur Abnahme der Stoffwechselaktivität, zu cytologischen und morphologischen Änderungen oder sogar zum Absterben des Organismus führen [214]. Die Unterschiede in den Eigenschaften des Wassers natürlicher isotoper Zusammensetzung (hierfür können mit genügender Genauigkeit die für ${}^1H_2{}^{16}O$ geltenden Werte übernommen werden, da die natürlichen Häufigkeiten von Deuterium, ${}^{17}O$ und ${}^{18}O$ so niedrig sind, daß der Einfluß dieser Isotope auf die Eigenschaften des natürlichen Wassers vernachlässigt werden kann) und des schweren Wassers (Tab. 1, S. 8) lassen zunächst nicht derart große Wirkungen auf lebende Organismen erwarten. Es bedarf daher einer genaueren Analyse der Reaktionen, die bei einer isotopen Substitution des Lösungsmittels ablaufen oder die durch eine solche Substitution beeinflußt werden, um zu einem Verständnis der D_2O-Wirkung zu gelangen.

Bei dem Ersatz des Wassers natürlicher isotoper Zusammensetzung durch schweres Wasser wird in allen zelleigenen Substanzen der an Stickstoff, Sauerstoff und Schwefel gebundene Wasserstoff gegen Deuterium des schweren Wassers ausgetauscht. Dieser Austausch erfolgt über einen Reaktionskomplex, der durch Wasserstoffbrückenbindungen gebildet wird.

$$\ddot{R}_1 - \mathrm{H} + \ddot{R}_2 - \mathrm{D} \rightarrow \begin{array}{ccc} R_1 & \cdots & \mathrm{H} \\ \uparrow & & \downarrow \\ \mathrm{D} & \cdots & R_2 \end{array} \rightarrow \ddot{R}_1 - \mathrm{D} + R_2 - \mathrm{H},$$

und läuft unmeßbar schnell ab. Der an Kohlenstoff gebundene Wasserstoff wird in Abhängigkeit von der Struktur der Bindung entweder nicht oder nur langsam ausgetauscht. Voraussetzung für den Isotopenaustausch an einer CH-Bindung ist entweder ein saures oder ein schwach basisches Verhalten dieser Bindung. Auch bei Verbindungen, die einer Keto-Enol-Tautomerie unterliegen, kann über den austauschbaren aziden Wasserstoff der Enolform nach Rückverwandlung in die Ketoform ein Einbau von Deuterium in α-Stellung erhalten werden. An DNS hat Fritzsche [215] die Reaktivität der verschiedenen Wasserstoffatome gemessen und dabei nicht austauschende (z. B. Methylgruppe des Thymins, aliphatische CH-Gruppen der Desoxyribosereste), langsam austauschende (Wasserstoff am C-8 der Purinbasen, Wasserstoffe der heterozyklischen CH-Gruppen der Pyrimidinbasen mit wesentlich geringerer Austauschtendenz), schnell austauschende (NH-Wasserstoffe in den Wasserstoffbrücken der Basen-Paarung) und momentan austauschende Wasserstoffatome (NH-Wasserstoffe, die nicht an der Basenpaarung beteiligt sind, OH-Wasserstoffe der Zuckerreste) gefunden. Es liegen daher sofort nach dem Austausch des Zellwassers gegen D_2O zahlreiche zelleigene Substanzen in vollständig oder teilweise deuterierter Form vor. Darüber hinaus werden durch Stoffwechselreaktionen (z. B. durch die meisten biochemischen Synthesen wie Fettsäuresynthese, Gluconeogenese etc.) Deuteriumatome in stabile CD-Bindungen eingebaut. Ist eine solche isotop substituierte Bindung an einer biochemischen Reaktion beteiligt, in deren Verlauf sie aufgespalten wird, so kann eine langsamere Reaktionsgeschwindigkeit als Folge des Deuteriumeinbaus beobachtet werden.

Allgemein bezeichnet man die Unterschiede in den

Eigenschaften der Isotope eines chemischen Elements und die daraus resultierenden Wirkungen als Isotopieeffekte. Isotopieeffekte findet man bei Atom- und Molekülspektren, Dichte, Diffusion etc. (physikalische Isotopieeffekte), bei der Geschwindigkeit chemischer Reaktionen (reaktionskinetische Isotopieeffekte), bei thermodynamischen Prozessen wie der Lage von Phasengleichgewichten, Phasengrenzflächen-Gleichgewichten und chemischen Gleichgewichten (thermodynamische Isotopieeffekte) und bei den Eigenschaften isotop substituierter Lösungsmittel wie D_2O, C_6D_6 etc. (Lösungsmittelisotopieeffekte).

Zur Erklärung vieler Isotopieeffekte, vor allem der reaktionskinetischen Isotopieeffekte, kann die geringere Nullpunktsenergie E_0 der Bindung mit dem schweren Isotop herangezogen werden. Bekanntlich läßt sich jeder chemischen Bindung eine bestimmte Schwingung zuordnen, deren Frequenz ν nach der Gleichung des harmonischen Oszillators (38) mit der reduzierten Masse μ der Bindungspartner in Zusammenhang steht:

$$\nu = \frac{1}{2\pi}\sqrt{\frac{k}{\mu}} \tag{38}$$

(k ist die Kraftkonstante des Oszillators). Die reduzierte Masse $\mu = \frac{m_1 \cdot m_2}{m_1 + m_2}$ wird bei Substitution des Wasserstoffs durch Deuterium größer, so daß die Schwingungsfrequenz der Bindung abnimmt. Die Schwingungsenergie der Bindung ist mit der Frequenz verknüpft über die Beziehung

$$E = h \cdot \nu \left(v + \frac{1}{2}\right) \tag{39}$$

Hierbei bedeuten h das Plancksche Wirkungsquant und v die Schwingungsquantenzahl, die das Energieniveau angibt, auf welchem sich die Bindung befindet.

v kann beliebige ganzzahlige Werte zwischen 0 und ∞ annehmen. Beim absoluten Nullpunkt wird v gleich Null. Die bei dieser Temperatur verbleibende Energie E_0 hat entsprechend (39) eine endliche Größe $E_0 = \frac{1}{2} h\nu_0$. Man bezeichnet die Energie E_0 als die Nullpunktsenergie der Bindung. Aus den Gleichungen (38) und (39) läßt sich ablesen, daß die Bindung mit dem schweren Isotop eine geringere Nullpunktsenergie besitzt.

Um eine chemische Reaktion ablaufen zu lassen, muß eine chemische Verbindung vom Ausgangs-Energieniveau auf das Energieniveau des aktivierten Zwischenkomplexes gehoben werden. Den hierfür notwendigen Energiebetrag bezeichnet man als die Aktivierungsenergie E_A. Auf Grund der Bindungslockerung im aktivierten Zwischenkomplex sind in diesem Zustand keine Schwingungen vorhanden, für welche die Beziehungen (38) und (39) gelten (sog. Streckschwingungen). Die Energieniveaus für die beiden isotopen Bindungen sind daher im Übergangszustand gleich. Da jedoch die Bindung mit dem schweren Isotop im Ausgangszustand eine geringere Nullpunktsenergie besitzt, benötigt sie eine größere Aktivierungsenergie zur Erreichung des Niveaus des aktivierten Zwischenkomplexes und reagiert demzufolge langsamer als die Bindung mit dem leichten Isotop. Diese Darstellung ist eine sehr starke Vereinfachung der Verhältnisse. Für genauere Betrachtungen müssen Gesetzmäßigkeiten der statistischen Thermodynamik herangezogen werden, auf die in diesem Zusammenhang nicht eingegangen werden kann [216].

Die reaktionskinetischen Isotopieeffekte führen beispielsweise dazu, daß durch Stoffwechselreaktionen von Mikroorganismen, Pflanzen und Tieren die isotopen Zusammensetzungen von Wasserstoff, Kohlenstoff, Stickstoff, Sauerstoff und Schwefel verändert werden. So fanden Czike und Fodor [217] in verschiedenen Pflanzen und Pflanzenteilen eine gegenüber dem Umgebungswasser um 0,2 γ (Kartoffel, Rettich) bis 4,1 γ (Tomate) erhöhte

Dichte des Gewebewassers. Das würde, falls die Dichteänderung nur auf einer Fraktionierung der Wasserstoffisotope beruht, eine Erhöhung der D-Häufigkeit auf Werte bis zu 0,0185 at.-% (gegenüber 0,0147 at.-% im Umgebungswasser) bedeuten. Während der Fettsäuresynthese tritt eine Fraktionierung der Wasserstoffisotope auf, die zu einer niedrigeren D-Häufigkeit in den Fettsäuren (Ratte: 0,0135 at.-% D; Fisch: 0,0133 at.-% D) im Vergleich zum Körperwasser (Ratte: 0,0156 at.-%; Fisch: 0,0154 at.-%) führt [218]. Im Verlaufe von Photosynthese und Atmung werden die Isotope des Kohlenstoffs und Sauerstoffs fraktioniert, und zwar in dem Sinne, daß während der Photosynthese $^{12}C^{16}O_2$ bevorzugt gegenüber $^{13}C^{16}O_2$ fixiert wird, während bei der Atmung $^{12}C^{16}O_2$ bevorzugt freigesetzt wird [219]. Während der Photosynthese entsteht Sauerstoff, der an ^{16}O gegenüber dem Luftsauerstoff angereichert ist, bei der Atmung wird dieser ^{16}O-Überschuß wieder verbraucht [220]. Eine Fraktionierung der Stickstoffisotope konnte sowohl im mikrobiellen als auch im tierischen Stoffwechsel [222] nachgewiesen werden.

Die reaktionskinetischen Isotopieeffekte, die im normalen Stoffwechselgeschehen der Zelle die genannten Isotopenfraktionierungen und damit die Variationen der natürlichen isotopen Zusammensetzung der Elemente bewirken, können bei Markierungsexperimenten zu fehlerhaften Aussagen über Umsatzgeschwindigkeiten und Umsatzgrößen führen. So werden die Moleküle $^{12}CO_2$, $^{13}CO_2$ und $^{14}CO_2$ im Verhältnis 1,00:0,96:0,85 bei der Photosynthese aufgenommen [219], wodurch beispielsweise bei kinetischen Untersuchungen mit ^{14}C Fehler auftreten.

Je nachdem, ob die isotop substituierte Bindung direkt an der Reaktion beteiligt ist oder ob die in Nachbarstellung befindliche Bindung reagiert, unterscheidet man zwischen primären und sekundären Isotopieeffekten. Die enzymatische Dehydrierung von Trans-Dideuterobernsteinsäure schließt in Abhängigkeit davon, welches Paar von Wasserstoffatomen aus dem Molekül entfernt wird, einen primären oder einen sekundären Isotopieeffekt ein [223]:

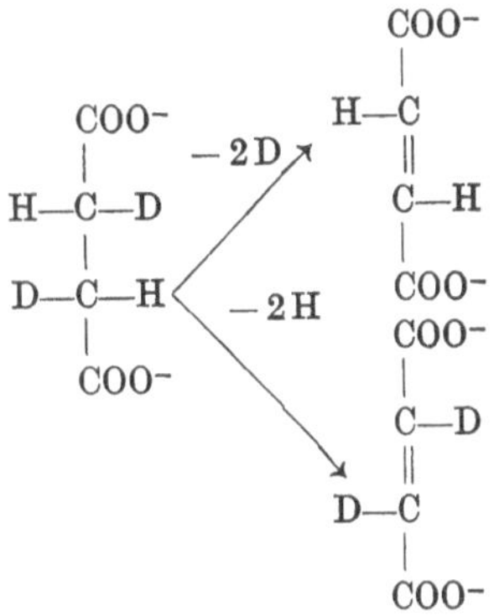

Primärer reaktionskinetischer Isotopieeffekt

Sekundärer reaktionskinetischer Isotopieeffekt

Am langsamsten verläuft die Reaktion, die den primären Isotopieeffekt enthält. Der sekundäre Isotopieeffekt bewirkt ebenfalls eine deutliche Verzögerung der Reaktionsgeschwindigkeit im Vergleich zur Dehydrierung der Protium enthaltenden Bernsteinsäure.

Wird in chemischen Verbindungen, die als Substrate von Enzymreaktionen dienen, die relative Häufigkeit des schweren Wasserstoffisotops Deuterium so erhöht, daß dessen Reaktionsgeschwindigkeit für den gesamten Ablauf der biochemischen Reaktionen geschwindigkeitsbestimmend wird, so können deutliche Änderungen in der Reaktionskinetik nachgewiesen werden. Zur Charakterisierung der Wirkung einer Deuteriumsubstitution des Substrates (oder des Lösungsmittels) auf die Enzymreaktion kann man die Maximalgeschwindigkeit V_{max} der Reaktion bei maximaler Substratsättigung und die MICHAELISkonstante K_m heranziehen. Bei einer Reaktion des Enzyms E mit dem Substrat S wird unter Zwischenbildung des Enzym-Substratkomplexes ES (und des hier nicht berücksichtigten Enzym-Produktkomplexes

EP) das Produkt P gebildet

$$E + S \underset{k_2}{\overset{k_1}{\rightleftharpoons}} ES \xrightarrow{k_3} E + P. \tag{40}$$

Der Ablauf der Gesamtreaktion wird ersichtlich aus der scheinbaren oder effektiven Dissoziationskonstante K des Enzym-Substratkomplexes

$$K = \frac{k_2 + k_3}{k_1}. \tag{41}$$

In der Mehrzahl der Fälle wird die Reaktionsgeschwindigkeit der Gesamtreaktion von der Reaktionskonstanten k_3 bestimmt ($k_3, > k_2, k_1$), so daß K gleich der Gleichgewichtskonstanten K_m für die Dissoziation des Enzym-Substratkomplexes (MICHAELISkonstante) ist.

Die MICHAELISkonstante läßt sich berechnen aus

$$K_m = S\left(\frac{V_{max}}{v} - 1\right), \tag{42}$$

wobei v die Reaktionsgeschwindigkeit bei der Substratkonzentration S darstellt. Aus (42) ergibt sich als Beziehung zwischen dem Isotopieeffekt und der MICHAELISkonstanten

$$\frac{v}{v'} = \frac{V_{max}\, S(K'_m + S')}{V'_{max}\, S'(K_m + S)}, \tag{43}$$

wobei die gestrichenen Werte für die deuterierten Substrate beziehungsweise für die Messungen in D_2O gelten. Wenn die Substratkonzentration in beiden Fällen die gleiche und groß gegenüber der MICHAELISkonstanten ist, so vereinfacht sich die Gleichung zu [223]

$$\frac{v}{v'} = \frac{V_{max}}{V'_{max}}. \tag{44}$$

Für die Gesamtreaktionsgeschwindigkeit eines Gemischs aus Protium enthaltendem und deuteriertem Substrat hat THORN [224] die Beziehung (45) abgeleitet

$$v_t = \frac{V_{max}\, S\, K'_m + V'_{max}\, S'\, K_m}{K_m S' + K'_m S + K_m K'_m}, \tag{45}$$

wobei v_t die Reaktionsgeschwindigkeit der Gesamtreaktion, S, S' die Substratkonzentrationen und K_m, K'_m die MICHAELISkonstanten für das H- bzw. D-haltige Substrat darstellen. THORN bestimmte auf diesem Wege die Wirkung des Bernsteinsäure-Oxydasesystems auf Mischungen von Bernsteinsäure und Tetradeuterobernsteinsäure und ermittelte für das Verhältnis der MICHAELISkonstanten K'_m/K_m einen Wert von 1,45. STRITTMATTER [225] untersuchte die direkte Wasserstoffübertragung von reduzierten Pyridinnukleotiden auf Cytochrom b_5 — Reduktase und fand bei dem 3-Acetylpyridin-Analogen von NADH, daß eine Deuterierung am C_4 des Dihydropyridinrings des Nukleotids zu einer Abnahme des K_m-Wertes um 40% führt.

Die enzymatische Oxydation von Ameisensäure ($HCOO^-$) und deuterierter Ameisensäure ($DCOO^-$) durch Ameisensäuredehydrogenasen tierischen, pflanzlichen und bakteriellen Ursprungs ergab Isotopieeffekte, berechnet aus dem Quotienten der Geschwindigkeitskonstanten k_H/k_D, in der Größe von 1,1 bis 1,5 [226]. Berechnungen der für die Umsetzung dieser beiden Substrate erforderlichen Aktivierungsenergien führten zu dem Ergebnis, daß für die enzymatische Dehydrierung des deuterierten Formiats eine Aktivierungsenergie von 14900 cal/mol, für die des Protium enthaltenden Formiats eine solche von 11900 cal/mol erforderlich ist.

Die reaktionskinetischen Isotopieeffekte k_H/k_D bei der enzymatischen Oxydation von D-Glukose-[1-H] und D-Glukose-[1-D] durch Glukose-Oxydase und verschiedene Glukose-Dehydrogenasen liegen zwischen 1,1 und 3,4 [227]. Bei der Oxydation durch Glukose-Oxydase führt die

Deuterierung der Glukose zu einem kleineren K_m-Wert für Zucker (bei hohem Sauerstoffangebot) und zu einem kleineren K_m-Wert für Sauerstoff (bei hohem Zuckerangebot). Die Größe des reaktionskinetischen Isotopieeffektes wird sowohl in H_2O als auch in D_2O mit 3,4 gemessen. Ein Lösungsmittel-Isotopieeffekt des schweren Wassers ist bei dieser Reaktion nicht zu beobachten [228].

Über den Einfluß einer Isotopensubstitution auf thermodynamische Größen in biologischen Systemen ist, sofern nicht Eigenschaften des Lösungsmittels Wasser betroffen sind, nur wenig bekannt. Thermodynamische Isotopieeffekte scheinen jedoch in der Biologie keine wesentliche Bedeutung zu besitzen. Einziges Beispiel für die Diskussion eines thermodynamischen Isotopieeffektes ist die mögliche Verschiebung des Keto-Enol-Gleichgewichtes der Purin- und Pyrimidinbasen der DNS in schwerem Wasser, die zu einer erhöhten Zahl von Basenmißpaarungen führen würde [213]. Auf diese Weise könnte die höhere Zahl von Spontanmutationen, die in D_2O zu beobachten ist, erklärt werden (vgl. Abschnitt 8.5.).

Alle Wirkungen, die beim Ersatz des Wassers natürlicher isotoper Zusammensetzung durch schweres Wasser auf die veränderten Lösungsmitteleigenschaften zurückgeführt werden können, werden unter dem Begriff Lösungsmittel-Isotopieeffekte zusammengefaßt. Nach KRUMBIEGEL [216] unterscheidet man beim Wasser drei Gruppen von Lösungsmittel-Isotopieeffekten. Als primären reaktionskinetischen Lösungsmittel-Isotopieeffekt bezeichnet man das Verhältnis der Geschwindigkeitskonstanten k_H/k_D für den Übergang eines Wasserstoffions aus einer Bindungsbeziehung im Wasser zu einer Bindungsbeziehung im gelösten Substrat (oder in umgekehrter Richtung). Sekundäre reaktionskinetische Lösungsmittel-Isotopieeffekte nennt man solche Änderungen der Reaktionsgeschwindigkeit, welche nach Austausch des Wassers gegen D_2O durch Wasserstoffionen bewirkt werden, die keinem Wechsel ihrer Bindungsbeziehung unterliegen. Die durch Änderung der isotopen Zusammensetzung des Wassers verursachten Änderungen der Gleichgewichtskonstanten gelöster Elektrolyte bezeichnet man als thermodynamischen Lösungsmittel-Isotopieeffekt. Alle drei Gruppen von Lösungsmittel-Isotopieeffekten werden nach dem Austausch des Wassers natürlicher isotoper Zusammensetzung in der Zelle gegen schweres Wasser wirksam. Eine Anzahl biologischer Isotopieeffekte des schweren Wassers kann zum Teil auf die Änderungen der Ionenbeweglichkeiten, der Löslichkeiten und des pH-Wertes zurückgeführt werden. Herabsetzung der Reizleitungsgeschwindigkeit in Nerven, Verschiebungen in den Verteilungsgleichgewichten gelöster Substanzen zwischen verschiedenen in der Zelle vorliegenden Phasen sowie die Änderung der Geschwindigkeit enzymatischer Reaktionen, die ein streng definiertes pH-Optimum besitzen, sind als Folgen solcher D_2O-Wirkungen zu erwarten.

Aus zahlreichen in vitro-Experimenten ist bekannt, daß unter dem Einfluß von schwerem Wasser die Reizleitungsgeschwindigkeit in Nerven herabgesetzt ist. Die Wirkung ist reversibel. Bei isolierten Froschnerven konnte in D_2O-Ringerlösung (99,9 at-% D) eine Abnahme der Reizleitungsgeschwindigkeit um 20% beobachtet werden. Nerven ohne Scheide zeigen fünf Minuten nach dem Einlegen in D_2O-Ringerlösung den Effekt in voller Höhe, intakte Nerven benötigen hierfür die doppelte Zeit [229]. An isolierten Fasern des Frosch-Ischiadicus treten nach Austausch des Wassers in der extrazellulären Lösung gegen D_2O Veränderungen der stationären Strom-Spannungscharakteristik des Ranvierschen Schnürrings auf. Die positiven Widerstände nehmen um den Faktor 1,2 zu, und der Übergangsbereich verschiebt sich um 20 mV in Depolarisationsrichtung [230]. Beides führt zu einer Zunahme des während einer Depolarisation meßbaren Übergangswiderstandes. Die Änderungen treten unabhängig davon auf, ob der Membranstrom überwiegend ein K^+-Strom oder ein Na^+-Strom ist. Schweres Wasser verändert demnach die Kennlinie ähnlich wie eine pH-Verminderung der extrazellulären Lösung bzw. eine Zunahme der Osmolarität oder der Kalziumkonzentration. Da unter dem Einfluß des schweren Wassers starke morphologische Veränderungen der Nervenfaser, insbesondere des Schnürrings auftreten und die in D_2O veränderten Ioneneigenschaften der extrazellulären Lösung nur zu einem geringen Teil die D_2O-Wirkung auf das stationäre Strom-Spannungsverhalten der Membran erklären können, wird angenommen, daß schweres Wasser die Eigenschaften der Membran selbst ändert.

Auch auf das Potential und den elektrischen Widerstand isolierter Froschhaut wirkt schweres Wasser in ähnlicher Weise wie hypertonische Lösungen. Eine Einwirkung auf die äußere Oberfläche der Haut erniedrigt Hautpotential und Widerstand, während eine Einwirkung auf die innere Oberfläche das Potential leicht erniedrigt, den Widerstand aber erhöht [231]. Die durch D_2O-Ringerlösung am spontan schlagenden isolierten Vorhof des Froschherzens verursachten Effekte können zur Aufklärung der physikalisch-chemischen Vorgänge der Muskelkontraktion herangezogen werden [232]. Im schweren Wasser wird die Kontraktionskraft reversibel vermindert. Eine gleichzeitige Beobachtung des Elektrokardiogramms mit und ohne elektrische Stimulation zeigt eine Trennung der elektrischen und kontraktilen Vorgänge im Muskel, die auf eine Hemmung des Energieübertragungsmechanismus zwischen Membran und kontraktilem Protein hinweist. Chemische Stimulantien wie Adrenalin, Noradrenalin und Veratrin führen zur Aktivierung des Energietransportprozesses und steigern die Kontraktionskraft der Muskelfasern wieder. Bei glycerinextrahierten willkürlichen Muskelfasern (Psoasmuskeln von Kaninchen) hemmt schweres Wasser die Verkürzung nach Zugabe von Inosin- oder Uridintriphosphat, nicht jedoch nach Zugabe von Adenosin- oder Cytidintriphosphat. Eine direkte Beeinflussung der kontraktilen Proteine durch D_2O ist jedoch auf Grund dieser Ergebnisse nicht auszuschließen, da die langsame Diffusion des ATP eine Hemmung der Adenosintriphosphatase-Aktivität durch D_2O überdeckt [233].

Bedeutsam für den Einfluß auf biologische Systeme können, wie bereits erwähnt, auch die Änderungen des pH-Wertes sein, die beim Ersatz des Wassers natürlicher isotoper Zusammensetzung durch schweres Wasser auftreten. Da die Ionisationskonstante des schweren Wassers mit $1{,}95 \cdot 10^{-15}$ nur ein Fünftel derjenigen des normalen Wassers beträgt, wird eine Lösung mit D_2O als Lösungsmittel mit einem gegebenen pD nicht die gleichen Eigenschaften haben wie eine H_2O-Lösung des gleichen pH-Wertes. Da, analog dem pH, der pD definiert ist als der negative Logarithmus der D^+-Konzentration, würde der Neutralpunkt beim pD 7,363 liegen. GLASOE und LONG [234] haben gezeigt, daß der pD aus pH-Wert-Ablesungen von pH-Metern mit Glaselektroden durch Zuzählen von 0,4 erhalten werden kann (pD = pH-Meter-Ablesung + 0,4). Aus diesem Befund ist leicht erklärlich, daß die pH-Optima für Enzyme in D_2O bei anderen Werten als in H_2O liegen können. So ist im Falle der Fumarase das Verhältnis von HPO_4^{--} zu $H_2PO_4^-$, welches in H_2O optimal ist, auch in D_2O optimal. Das Optimum des pH-Wertes liegt in H_2O bei 6,95, in D_2O jedoch bei 7,45. Bei einem pD von 6,95 hat das Enzym nur zwei Drittel der Aktivität, die beim optimalen pD-Wert gemessen wird [235].

Neben den bisher genannten Effekten treten beim Ersatz des Wassers natürlicher isotoper Zusammensetzung durch schweres Wasser in der Zelle auch die im Abschnitt 4 beschriebenen Änderungen an den Makromolekülen auf. DNS- und Proteinstrukturen werden durch die Deuteriumsubstitution stabilisiert. Die an den Enzymproteinen auftretenden Konformationsänderungen beeinflussen die Bindungsstärken zwischen Enzym und Substrat.

Unter dem Einfluß all dieser reaktionskinetischen und Lösungsmittel-Isotopieeffekte laufen Enzymreaktionen in schwerem Wasser langsamer als unter natürlichen Bedingungen ab. Als Beispiel kann die Fumarase genannt werden, deren Aktivität in schwerem Wasser (99,9 at.-% D) bei der Umsetzung von Fumarsäure zu Äpfelsäure um 60% und bei der Rückreaktion (Umwandlung von Äpfelsäure zu Fumarsäure) um 33% gehemmt wird [235]. Auch die Aktivitäten der Aconitase [236], der α-Amylase [237], des Trypsins [238] und zahlreicher anderer Fermente [223] sind in schwerem Wasser herabgesetzt, wobei die Isotopieeffekte in den Reaktionsgeschwindigkeiten k_H/k_D zwischen 1,15 und 3,5 liegen. Vielfach wurden Untersuchungen über die Größe der Isotopieeffekte durchgeführt, um nähere Informationen über die Mechanismen der Enzymreaktionen zu erhalten. THOMSON u. a. [239] führten Messungen an Äpfelsäure-Dehydrogenase aus *Propionibacterium shermanii* unter Zusatz verschieden deuterierter NADH-Coenzyme in H_2O und D_2O durch, um sterische Einflüsse auf die Enzymreaktion nachweisen zu können (Tab. 2). Im α-NAD · D ist ein primärer Isotopieeffekt, im β-NAD · D ein sekundärer Effekt, im Gemisch aus α- und β-NAD · D und im Dideutero-NAD · H (also dem NAD · D_2) sind primäre und sekundäre Isotopieeffekte nebeneinander wirksam. Untersuchungen über den Mechanismus der Dehydrogenase-Reaktion an Alkohol-, Milchsäure- und Äpfelsäure-Dehydrogenase unter Verwendung deuterierter Coenzyme stammen von VENNESLAND [240].

An zahlreichen komplexen Enzymsystemen wurde ebenfalls die Wirkung des schweren Wassers ermittelt. TYLER und ESTABROOK [241] fanden, daß durch D_2O die Geschwindigkeiten zahlreicher Stufen der Atmungskette verlangsamt werden. Die Atmungsketten-Phosphorylierung in submitochondrialen Partikeln (aus Rinderherzmitochondrien) wird durch D_2O stimuliert, da offenbar die Hydrolyse eines Zwischenproduktes der oxydativen Phosphorylierung in D_2O gegenüber Wasser natürlicher isotoper Zusammensetzung verlangsamt ist [242]. Von den mitochondrialen Prozessen, die mit dem Energie-

Tabelle 2: Kinetische und Lösungsmittel-Isotopieeffekte bei der Äpfelsäure-Dehydrogenase (nach THOMSON [239])

Coenzym	Isotopieeffekt in H_2O				Isotopieeffekt in D_2O				Lösungsmittel-Isotopieeffekt	
	K_m	V_{max}	K_m/K'_m	V_{max}/V'_{max}	K_m	V_{max}	K_m/K'_m	V_{max}/V'_{max}	$\frac{K_m(H_2O)}{K_m(D_2O)}$	$\frac{V_{max}(H_2O)}{V_{max}(D_2O)}$
NADH	1,730	28,7	–	–	2,23	18,9	–	–	0,74	1,51
α-NAD · D	1,02	15,5	1,70	1,85	1,17	10,2	1,90	1,52	0,86	1,52
β-NAD · D	2,11	29,6	0,82	0,97	1,48	17,3	1,51	1,09	1,42	1,71
α,β-NAD · D	1,37	20,4	1,27	1,41	1,44	13,0	1,55	1,45	0.95	1,57
NAD · D_2	1,14	14,6	1,51	1,97	0,63	9,0	3,56	2,10	1,82	1,62

Die K_m-Werte sind in mol · 10^{-5}, die Werte für V_{max} in μmol/min · mg N angegeben.

stoffwechsel in Zusammenhang stehen, werden die Bildung energiereicher Zwischenprodukte (Atmung), deren Verwertung (Protonenübertragung) und ihr Abbau (Mg^{++}-abhängige ATPase) durch schweres Wasser gehemmt. Die oxydative Phosphorylierung und die nicht mit einem Energiegewinn verbundene Transhydrogenierung werden durch D_2O nicht beeinflußt [243].

Da schweres Wasser die Fettbildung in der Leber von Mäusen und auch die Fettzusammensetzung in Gewebekultur-Zellen verändert, wurden die Effekte des D_2O auf die Cholesterinoxydation durch Rattenlebermitochondrien untersucht und auch bei dieser Reaktion eine beträchtliche Hemmwirkung ($k_H/k_D = 3{,}2$) gefunden [244].

Die Aktivität eines zellfreien Systems, das zur Proteinsynthese aus Aminosäuren in der Lage ist (Mikrosomenfraktion aus Meerschweinchenleber), ist in schwerem Wasser (80 at.-% D) um den Faktor 2 bis 3 größer als in H_2O [245]. Die Stimulation des Aminosäure-Einbaus wird sofort aufgehoben, wenn die Mikrosomen aus dem D_2O in normales Wasser rückübertragen werden. Der Stimulationseffekt ist Mg^{++}-abhängig und zeigt bei 8 bis 9 mMol Mg^{++} ein Maximum. Es wird angenommen, daß das schwere Wasser entweder einige Faktoren beeinflußt, welche die Proteinsynthese regulieren, oder daß Konformationsänderungen einiger Makromoleküle, die an den Syntheseprozessen beteiligt sind, zu dem höheren Aminosäure-Einbau führen.

Beim Ersatz des Wassers natürlicher isotoper Zusammensetzung durch schweres Wasser in lebenden Organismen treten alle genannten Prozesse nebeneinander auf. Es ist daher verständlich, daß die Analyse der D_2O-Wirkungen in vivo zur Zeit vornehmlich beschreibenden Charakter hat. Eine Erklärung für die bei Pflanzen und Tieren zu beobachtenden letalen Wirkungen des schweren Wassers oder für die vollständige Hemmung der mitotischen Zellteilung und der wuchsstoffabhängigen Zellstreckung konnte bisher nicht gefunden werden. Es ist bemerkenswert, daß vollständige Hemmwirkungen des schweren Wasser besonders bei den Prozessen beobachtet werden, die mit der Ausbildung neuer Zellstrukturen (z. B. Spindelbildung bei der Mitose) verbunden sind.

Aus den Größen der Isotopieeffekte bei biochemischen Reaktionen allein können die letalen Wirkungen des schweren Wassers nicht erklärt werden. Das Verständnis für diese Effekte wird noch erschwert durch die Tatsache, daß auch bereits kurzzeitige Einwirkungen des schweren Wassers auf Pflanzen und Tiere irreversible Schädigungen hervorrufen (vgl. Abschnitt 8.4.).

8.2. Der Einfluß des schweren Wassers auf Mikroorganismen

Die ersten, bereits kurze Zeit nach Entdeckung des schweren Wassers durchgeführten Untersuchungen über dessen Einfluß auf Mikroorganismen weisen recht widersprüchliche Resultate auf, die zum Teil auf Verunreinigungen des verwendeten schweren Wassers beruhen. Eine Zusammenfassung dieser Arbeiten durch Morowitz und Brown [246] stellte klar, daß Deuterium auf einzellige Organismen in geringerem Maße toxisch wirkt als auf höhere Pflanzen und Tiere.

8.2.1. Bakterien

Während die Beobachtungen von Itoh [247] aus dem Jahre 1935, daß schweres Wasser bei *Mycobacterium tuberculosis* schon im Bereich zwischen 0,03 und 2,2 at-% D Wachstumshemmungen hervorruft, sicher auf Verunreinigungen des verwendeten schweren Wassers zurückgeführt werden müssen, sind die Ergebnisse, die von Hemmungen des bakteriellen Wachstums durch schweres Wasser mit D-Häufigkeiten zwischen 40 und 90 at-% berichten [248], vielfach bestätigt. Vor allem im letzten Jahrzehnt ist dem Problem des Bakterienwachstums unter Einfluß von schwerem Wasser in Verbindung mit physiologischen und genetischen Fragestellungen erhebliche Aufmerksamkeit gewidmet worden. Allgemein bestätigen sich Befunde, daß das bakterielle Wachstum bei Konzentrationen über 80 at.-% Deuterium im Medium gehemmt wird, während Wachstumshemmungen unter 50 at.-% D nur bei einigen Stämmen von *Escherichia coli*, *Salmonella typhi murium* und *Bacillus subtilis* auftreten [249], [250], [251].

Die Lag-Phase des Wachstums von Bakterienkulturen ist im schweren Wasser auffällig verlängert (Abb. 19). Dieser Effekt deutet darauf hin, daß nach Suspension der

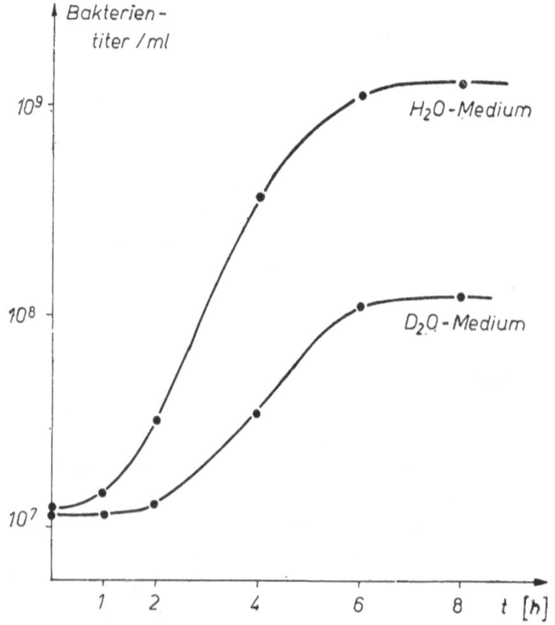

Abb. 19 Wachstum von *Proteus mirabilis*, Stamm Str-d-3 im H_2O und D_2O-Nährmedium. Ordinate: Anzahl lebender Bakterien pro *ml*; Abszisse: Zeit

Bakterien in Medien mit hohen D-Häufigkeiten zunächst eine Adaptation an das schwere Wasser erfolgen muß, bevor erneute Zellteilungen möglich sind. Ähnliche Hemmungen des Wachstums können auch in Wasser beobachtet werden, dessen Sauerstoff durch das Isotop ^{18}O ersetzt ist ($H_2{}^{18}O$ mit einer ^{18}O-Häufigkeit von 92 at-%) [252].

Untersuchungen an Reinkulturen von *Mycobacterium*, *Streptococcus*, *Pneumococcus* und *Escherichia* durch Katz und Mitarbeiter [253] über einen großen Konzentrationsbereich ließen bemerkenswerte Wachstumsunterschiede der einzelnen Bakterienarten in D_2O-haltigen Medien erkennen. Detailliertere Wachstumsversuche unter Verwendung volldeuterierter Glukose zeigten, daß Zellen von *Escherichia coli* leicht an ein volldeuteriertes Medium zu adaptieren sind. Auch hier war eine verminderte Wachstumsrate bei Anzucht der Bakterien in schwerem Wasser sowohl mit normaler als auch volldeuterierter Glukose gegenüber den Wasserkontrollen mit normaler und volldeuterierter Glukose zu beobachten [254], [255].

Der Wirkungsmechanismus des Antibiotikums Penicillin ist eng mit dem Zellwachstum verbunden. In D_2O-haltigen Medien hat Penicillin G eine wesentlich geringere antibiotische Wirksamkeit auf *E. coli*-Zellen [256]. Da Penicillin die Synthese des Mureins der Zellwand hemmt, ohne die für das Wachstum der Bakterienzellen notwendige lokale Auflösung des Murein-Sacculus zu unterbinden, läßt sich der Effekt mit der Hemmung enzymatischer Prozesse durch schweres Wasser erklären (vgl. Abschnitt 8.1.).

Morphologische Veränderungen von Bakterienzellen unter Einfluß von schwerem Wasser sind gelegentlich beschrieben worden. So gehen die für *E. coli* charakteristischen Stäbchenformen in Medien mit D-Häufigkeiten über 95 at-% verloren. Die Zellen wachsen in solchen Medien auf ein Vielfaches ihrer normalen Länge aus. Nach Rückübertragung dieser filamentösen Formen in Medien natürlicher isotoper Zusammensetzung bilden sich Einschnürungen, die zu Zellteilungen und in deren

Folge zu morphologisch normal gestalteten Bakterien führen. Dieser Befund macht deutlich, daß die durch D_2O induzierten Wachstumsveränderungen nicht das Ergebnis erblicher Mutationen, sondern vielmehr somatischer Adaptationen sind.

8.2.2. Pilze

Das Studium von Deuterium-Isotopieeffekten bei Pilzen ist im wesentlichen auf Hefen sowie einige Arten von *Aspergillus*, *Penicillium* und *Claviceps* beschränkt geblieben. Ältere Arbeiten [257], [258], [259], [260] berichten über wachstumsstimulierende Wirkungen bei geringen und toxische Effekte bei hohen D-Häufigkeiten (über 90 at-%) im Wasser des Kulturmediums. Fortschreitende Wachstumshemmungen bei D-Häufigkeiten zwischen 10 und 99 at-% im Wasser des Kulturmediums zeigen *Aspergillus*- und *Penicillium*-Stämme. Im mittleren Konzentrationsbereich (25 bis 50 at-% D) treten zwar niedrigere Wachstumsgeschwindigkeiten auf, aber die Trockengewichtserträge sind höher als bei Kulturen, die in Wasser mit D-Häufigkeiten unter 16 at-% wachsen [261]. Schweres Wasser hat demnach bei Pilzen ähnlich wie bei Bakterien in Konzentrationen über 80 at-% D wachstumshemmende Wirkung, wobei deutliche Resistenzunterschiede zwischen den einzelnen Arten auftreten können [262]. Ebenso wie bei Bakterien ist jedoch auch bei Pilzen eine Adaptation an schweres Wasser enthaltende Medien möglich.

Zellteilung und Sporenbildung werden durch schweres Wasser besonders stark beeinflußt. Bei *Saccharomyces cerevisiae* ist der Anteil sprossender Zellen in den D_2O-Kulturen deutlich herabgesetzt [263]. Nach einer Adaptationsphase wird die Teilungshemmung jedoch überwunden, und der Anteil sprossender Zellen steigt wieder an (Abb. 20). Sichtbarer Ausdruck des D_2O-Einflusses auf die Teilung der Hefezellen sind morphologisch abnorm gestaltete Zellformen. Es treten Riesenzellen auf, die häufig vakuolisiert sind.

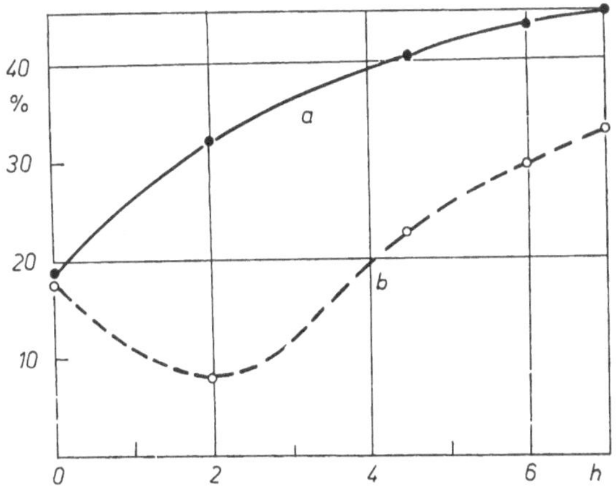

Abb. 20 Prozentualer Anteil sprossender Zellen von *Saccharomyces cerevisiae* bei Kultur im *a*) H_2O- und *b*) D_2O-Nährmedium. Ordinate: Prozentsatz sprossender Zellen; Abszisse: Zeit

Gegenstand zahlreicher Untersuchungen waren die Änderungen im Stoffwechsel, die beim Wachstum in schwerem Wasser auftreten. So finden sich Angaben darüber, daß der Glukoseabbau normaler und an schweres Wasser adaptierter Kulturen von *S. cerevisiae* und *Candida spec.* im D_2O stark verringert ist [264]. Möglicherweise steht dieser Effekt mit der gehemmten Aufnahme von Glukose, Phosphat und Kalium durch die Hefezellen im D_2O in Beziehung [265]. Crespi u. a. [254], [255] sowie Mohan u. a. [266] konnten an *Torulopsis utilis* zeigen, daß dieser Organismus im D_2O unfähig ist, eine Reihe für das Wachstum notwendiger Faktoren zu synthetisieren. Sowohl die Zugabe deuterierter Algenextrakte als auch von Thiamin allein zu einem D_2O-Medium, das nur Glukose und anorganische Salze enthält, führt zu gesteigertem Wachstum. Insbesondere scheint die Synthese des

Thiazolringes durch die Hefen in schwerem Wasser stark gehemmt zu sein. Ausgeschlossen werden kann hierbei eine Mutation zur Thiaminabhängigkeit, da die Fähigkeit zur Biosynthese von Thiamin durch die Zellen nach Rückübertragung in Medien natürlicher isotoper Zusammensetzung unverändert ist. Erhöhte Nahrungsansprüche in schwerem Wasser werden auch bei *S. cerevisiae* beobachtet [267]. Die Zellen wachsen nur, wenn das Nährmedium neben Thiamin und Biotin Pantothensäure und Inositol enthält. Durch Zugabe von Wachstumsfaktoren in Form von Algenextrakt können bei *A. niger* vom schweren Wasser verursachte Wachstumsanomalien beseitigt werden. Eine Abhängigkeit des saprophytischen Wachstums im D_2O von der Kohlenstoffquelle ist bei Alkaloid-produzierenden Stämmen von *Claviceps purpurea* nachweisbar. Dabei tritt ein starker Abfall der Alkaloidproduktion auf [268]. Trotz der beschriebenen Hemmeffekte ist jedoch die Anzucht volldeuterierter Kulturen von *A. niger* und einiger *Penicillium*-Stämme durchaus möglich.

Eine vollständige Hemmung der Zitronensäureproduktion in D_2O fanden Henderson und Lamonds [269]. Das in schwerem Wasser gewachsene Mycel zeigt keine Aktivität der Pyruvat-Carboxylase, während die Aktivität der Citratsynthase höher als in Mycel aus Wasser natürlicher isotoper Zusammensetzung ist. Da D_2O in vitro die Pyruvat-Carboxylase-Aktivität nur wenig verändert, weisen die Ergebnisse darauf hin, daß die Enzymsynthese selbst durch das schwere Wasser beeinflußt wird. Diese Hemmung der Enzymsynthese kann möglicherweise mit der Stabilisierung einer Repressorsubstanz im D_2O erklärt werden.

8.2.3. Algen

Zahlreiche Untersuchungen über den Einfluß des schweren Wassers auf lebende Organismen sind an Algen durchgeführt worden [246]. Bei D-Häufigkeiten über 50 at-% im Wasser der Kulturmedien treten Hemmungen des Wachstums und der Zellteilung von *Chlorella pyrenoidosa* auf, wobei innerhalb der gleichen Art große Resistenzschwankungen beobachtet werden können [270]. Eine Adaptation verschiedener *Chlorella*-Arten an schweres Wasser mit D-Häufigkeiten nahe 100 at-% ist relativ leicht möglich. Andererseits können bei anderen Stämmen der gleichen Art bereits bei 30 at-% Deuterium im Wasser des Kulturmediums deutliche Wachstumshemmungen auftreten. Bei hohen D-Häufigkeiten tritt neben einer Volumenvergrößerung der Zellen oft abweichende Pigmentierung auf. Auch die Photosyntheseaktivität dieser Zellen, gemessen am Einbau radioaktiv markierten Kohlendioxyds in die zelleigenen Substanzen, ist vermindert [271]. Cytochemische Untersuchungen an *Scenedesmus obliquus* ergaben außerdem signifikante Unterschiede in der Verteilung und Konzentration von Nukleinsäuren und Proteinen in den deuterierten Organismen im Vergleich zu Zellen mit natürlicher isotoper Zusammensetzung [272].

Unmittelbar nach der Übertragung von Grünalgen aus normalem Wasser in schweres Wasser kann teilweise oder vollständige Anabiose festgestellt werden, die in einer je nach Algenart unterschiedlichen Zeit überwunden wird. Nach Rückübertragung der an schweres Wasser adaptierten Algen in Wasser natürlicher isotoper Zusammensetzung treten die gleichen anabiotischen Erscheinungen auf [273]. Die Fähigkeit zahlreicher Algenarten, in D_2O autotroph zu wachsen, kann in Massenkulturen zur Biosynthese biochemisch interessanter volldeuterierter Metabolite (Zucker, Aminosäuren etc.) genutzt werden [274], [275], [276].

Während viele Chlorophyceen und Cyanophyceen in schwerem Wasser autotroph wachsen, gelingt bei anderen autotrophen Mikroorganismen die Adaptation an Medien mit hohen D-Häufigkeiten nicht. Es gibt zum gegenwärtigen Zeitpunkt keine verständliche Erklärung dafür, warum diese Organismen nicht zu Wachstum und Zellteilung im D_2O befähigt sind. So können die Diatomeen *Navicula pelliculosa* und *Phaeodactylum tricornatum* sowie die Rhodophycee *Porphyridium cruentum* im schweren Wasser bei D-Häufigkeiten oberhalb 75 at-% nicht kultiviert werden [267], [277]. *Chlorella vulgaris* läßt sich demgegenüber sogar als vollständig isotop veränderter Organismus aus einem Medium gewinnen, das ausschließlich die stabilen Isotope Deuterium, ^{13}C, ^{18}O und ^{15}N enthält [278]. Die dargestellten Ergebnisse lassen erkennen, daß die Adaptation an hohe Deuteriumhäufigkeiten ein kompliziertes Phänomen ist, das neben morphologischen Veränderungen der Zellen erhebliche Störungen des Stoffwechsels mit sich bringt.

Auch der Adaptationsprozeß bei der Rückübertragung in Wasser natürlicher isotoper Zusammensetzung scheint von komplexer Natur zu sein. So sind *Scenedesmus obliquus*-Zellen, die nur mit Schwierigkeiten an reines D_2O-Medium adaptiert werden können, ohne erkennbaren Effekt in normales Wasser rückübertragbar. Dagegen zeigen einige *Chlorella*-Arten, die leicht an D_2O zu adaptieren sind, nach Rückübertragung in H_2O Störungen der Photosynthese und der Atmung.

8.2.4. Protozoen

Eine erhöhte Resistenz von Protozoen gegenüber der toxischen Wirkung des schweren Wassers im Vergleich zu höher organisierten tierischen Organismen wurde bereits 1933 durch TAYLOR u. a. [279], [280] festgestellt. Bei D-Häufigkeiten von 14 bis 20 at-% im umgebenden Wasser zeigen Paramaecien noch keine wesentlichen Effekte. Im hochangereicherten schweren Wasser (100 at-% D) sterben sowohl Paramaecien als auch Amoeben und Rotiferen innerhalb weniger Stunden ab [281]. Es gibt jedoch keine von vornherein feststehende Grenze, bis zu der ein Wachstum in D_2O-haltigen Medien möglich ist. Versuche an *Paramaecium caudatum* zeigten vielmehr, daß durch schrittweise Adaptation von niederen zu höheren D-Häufigkeiten eine Anpassung an höhere Werte (70 at-% D) erreicht werden kann [254]. Besonders im schweren Wasser mit niedrigeren D-Häufigkeiten läßt sich hierbei vielfach Riesenzellbildung beobachten, während nach der Adaptation auch bei D-Häufigkeiten von 60 at-% meist normale Zellformen vorherrschen.

Für die Größe der Isotopieeffekte ist das Alter der Organismen von erheblicher Bedeutung. So läßt sich nachweisen, daß der Ziliat *Uroleptis mobilis* in der Mitte des Teilungszyklus eine erhöhte Resistenz gegenüber hochangereichertem schwerem Wasser hat. Bei D-Häufigkeiten nahe 100 at-% treten jedoch in jedem Falle irreversible Zellschädigungen auf [282].

Die Kontraktionsfrequenz der Vakuole als Maß der Stoffwechselaktivität der Einzeller wird mit steigender D-Häufigkeit im Medium vermindert, wobei von Individuum zu Individuum große Unterschiede auftreten können. Bei dem Ziliaten *Discophrya collini* ist ein langsamerer Eintritt des D_2O in die Zellen im Vergleich zum Wasser natürlicher isotoper Zusammensetzung zu beobachten [283]. Dabei treten bei D-Häufigkeiten über 25 at-% Schrumpfungen des Zellkörpers mit starker Hemmung der Vakuolentätigkeit auf. Die normale Aktivität der Vakuole wird auch im D_2O wiederhergestellt, wenn das normale Zellvolumen wieder erreicht ist.

Eine Stabilisierung der Plasma-Gel-Strukturen der Pseudopodien von *Amoeba proteus* gegenüber Druck unter Einfluß von schwerem Wasser wurde von MARSLAND gefunden [284]. Die Größe des Effektes ist der D_2O-Konzentration direkt proportional und wahrscheinlich mit der bevorzugten Ausbildung des Gelsystems in D_2O zu erklären. Die Amoeben haben bis zu einer D-Häufigkeit von 70 at-% im Medium das gleiche morphologische Aussehen wie die Kontrollorganismen. Bei höheren Konzentrationen treten auffällig verlängerte Pseudopodien auf.

Mit Arten der Gattung *Euglena* wurden besonders eingehende Untersuchungen über die Wirkung des schweren Wassers durchgeführt [285]. Die Organismen zeigen nach Übertragung in ein Medium mit erhöhter Deuteriumhäufigkeit eine sofortige Hemmung des phototaktischen Reaktionsvermögens. Eine Untersuchung der Phasenverhältnisse des phototaktischen Rhythmus vor und nach der D_2O-Behandlung ergab, daß hohe Isotopenhäufigkeiten die Periodenlänge des phototaktischen Rhythmus verlängern. Soweit bekannt, ist von vielen getesteten Substanzen allein schweres Wasser in der Lage, diesen Effekt auszulösen.

Euglena gracilis kann über eine Reihe von Subkulturen mit ansteigender D-Häufigkeit an ein volldeuteriertes Medium mit deuterierten Nährstoffen adaptiert werden [285]. Die volldeuterierten *Euglena*-Zellen sind zwar morphologisch verändert, behalten jedoch die Fähigkeit zur phototaktischen Reaktion bei. Es ist dies der erste Organismus mit ausgeprägten animalischen Eigenschaften, bei dem es möglich war, den Wasserstoff natürlicher isotoper Zusammensetzung in den zelleigenen Substanzen nahezu vollständig durch Deuterium zu ersetzen.

8.2.5. Viren

Die Wirkung des schweren Wassers auf Viren muß zwangsläufig im Zusammenhang mit dessen Einfluß auf die Wirtszellen betrachtet werden. Dadurch wird die Analyse der D_2O-Wirkung auf die Viren selbst wesentlich erschwert. Objekte für in dieser Richtung durchgeführte Untersuchungen waren bisher nahezu ausschließlich die Coliphagen T3, T5 und T7 sowie einige Polioviren. Poliomyelitis-Viren, die in HeLa-S3-Zellen und in Affennierenzellen kultiviert wurden, liefern bereits bei niedrigen D_2O-Konzentrationen (20 bis 40 at-% D) im Kulturmedium deutlich erhöhte Endausbeuten, wobei die Latenzphase der Virusentwicklung verlängert ist [286].

Der DNS-enthaltende Simian-Virus 40 ist in D_2O-haltigen Medien gegenüber den Wasserkontrollen in seiner Entwicklung gehemmt [287]. Bei dem relativ großen, RNS-enthaltenden WEE-Virus (Western equine encephalitis virus) sind die auf Kückenembryo-Fibroblasten erhaltenen Plaques in schwerem Wasser (25 at-% D) signifikant kleiner als in Wasser natürlicher isotoper Zusammensetzung. Der Nukleinsäureteil des Virus scheint dabei nicht für die Wachstumsreaktion auf schweres Wasser verantwortlich zu sein [288]. Isotopieeffekte unterschiedlicher Größe zeigen der kleine RNS-haltige Mengovirus und der DNS-haltige Adenovirus 7 bei Wachstum auf L-Zellen in schwerem Wasser mit einer D-Häufigkeit von 50 at-% [289]. Beim RNS-Virus ist 8 Stunden nach der Infektion der Titer im normalen Medium höher als im D_2O-Medium, 24 Stunden nach der Infektion sind beide Titer gleich. Demgegenüber ist bei dem DNS-Virus sowohl 24 als auch 48 Stunden nach der Infektion der Titer im D_2O-Medium signifikant niedriger.

Auch innerhalb der Bakteriophagen der T-Reihe ist eine einheitliche Reaktion auf erhöhte D-Häufigkeit im Wasser des Kulturmediums nicht zu erkennen [290]. So wird durch 50%iges D_2O beim T5-Phagen, nicht aber beim T7-Phagen die Phagenproduktion verringert. Wenn die Wirtsbakterien in 50%igem schweren Wasser angezogen werden und die latente Periode der Virusentwicklung im Wasser natürlicher isotoper Zusammensetzung abläuft, wird die Phagenausbeute bei dem Phagen T5 nicht, bei T7 jedoch deutlich erhöht. Werden die infizierten Zellen in schwerem Wasser angezogen und weiterhin im D_2O-Medium gehalten, so zeigt T5 normale Vermehrung, während bei T7 die Anzahl der freigesetzten Phagen signifikant vergrößert ist. Bei beiden jedoch ist die Latenzperiode der Virusentwicklung im D_2O verlängert. Diese unterschiedlichen Ergebnisse lassen es zweifelhaft erscheinen, ob die erhöhte Ausbeute an T7-Bakteriophagen unter Einfluß von schwerem Wasser mit der Vergrößerung der *E. coli*-Zellen im D_2O und damit

mit dem erhöhten Angebot an DNS und Protein des Wirtsorganismus erklärt werden kann.

Erste elektronenmikroskopische Beobachtungen an deuterierten T2-Bakteriophagen, die in *E. coli* vermehrt wurden, ergaben deutliche morphologische Unterschiede gegenüber den Wasserkontrollen [291]. Die deuterierten Phagen weisen neben einer Gestaltsvergrößerung kugelförmige Köpfe und kürzere Schwanzfäden auf. Darüber hinaus lassen sich Veränderungen in der Struktur des Phagenschwanzes erkennen.

8.3. Der Einfluß des schweren Wassers auf die Reaktion von Mikroorganismen gegenüber exogenen Faktoren

8.3.1. Strahlung

Da sowohl die UV- als auch die Röntgenstrahlung zelleigene Makromoleküle, insbesondere Nukleinsäuren und Proteine beeinflußt und vor allem bei der Wirkung der Röntgenstrahlung das Wasser wesentliche Bedeutung besitzt, ist die Strahlenwirkung auf Mikroorganismen unter dem Einfluß von schwerem Wasser von besonderem Interesse. Erste Untersuchungen von Laser [292] ergaben, daß der relative Wirkungsgrad einer Röntgenstrahlendosis in Gegenwart von Sauerstoff bei Bestrahlung von *Escherichia coli* im schweren Wasser auf über das Dreifache gegenüber den Kontrollen im Wasser natürlicher isotoper Zusammensetzung ansteigt. Auch bei einem haploiden Stamm von *Saccharomyces cerevisiae* ist unter dem Einfluß von Deuteriumoxid die Strahlenempfindlichkeit gegenüber Röntgenstrahlen modifiziert [293]. Bei Bestrahlung von *E. coli* und *Proteus mirabilis* mit UV-Licht wird die Strahlenresistenz der D_2O-behandelten Bakterien vermindert [249], [294], (Abb. 21).

Da die sensibilisierende Wirkung des schweren Wassers auf die UV-Inaktivierung der Bakterien bereits nach zweiminütiger D_2O-Vorbehandlung auftritt, kann angenommen werden, daß der Effekt nicht durch die Beeinflussung von Stoffwechselreaktionen in den Zellen hervorgerufen ist. Vielmehr scheint der Austausch von Wasserstoff gegen Deuterium in einer rasch austauschbaren Position der DNS (vgl. Abschnitt 8.1.) für den Effekt verantwortlich zu sein.

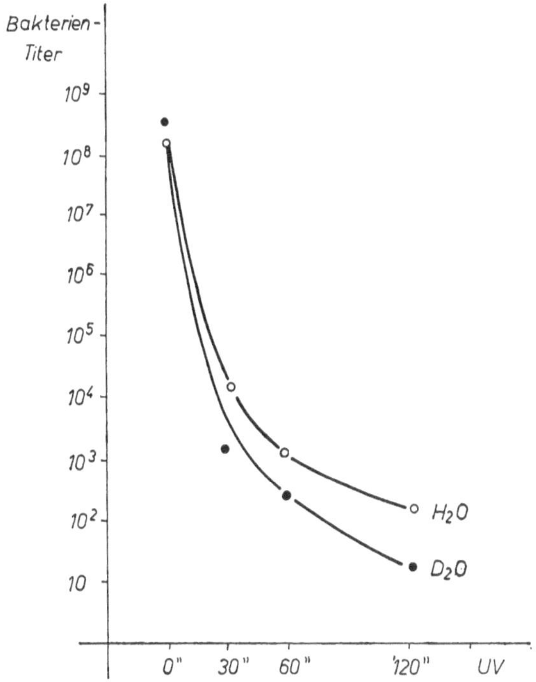

Abb. 21 Inaktivierung von *E. coli B* mit UV-Licht wechselnder Dosen nach Vorbehandlung mit schwerem Wasser

Nach Untersuchung der Wirksamkeit von γ-Strahlen bei *E. coli* kommt POLLARD [295] zu der Ansicht, daß sich die Desoxyribonukleinsäuren von normalen Bakterien und von Bakterien, die auf D_2O-haltigen Medien wachsen, nicht wesentlich unterscheiden, da sich die Strahlenresistenz der Bakterien nach Einwirkung von schwerem Wasser nicht ändert.

Die bisher vorliegenden experimentellen Ergebnisse gestatten es nicht, ein abschließendes Urteil über die Beeinflussung der Strahlenempfindlichkeit von Mikroorganismen durch teilweisen oder vollständigen Ersatz der Wasserstoffatome in den zelleigenen Substanzen gegen Deuterium zu geben. Sie verdeutlichen jedoch, daß die Größe der Isotopieeffekte nicht nur von der Deuteriumhäufigkeit im Wasser oder in den zelleigenen Substanzen abhängig ist, sondern weitgehend vom untersuchten Organismus beeinflußt wird.

8.3.2. Temperatur

Die Temperaturabhängigkeit der Lebensprozesse wird in außerordentlichem Maße vom Wasser beeinflußt [15], [296], [297]. Der Quellungszustand des Protoplasmas und der Wassergehalt der Zellen sind mit dafür bestimmend, ob bei extrem niedrigen oder hohen Temperaturen Schädigungen auftreten oder nicht. Um über die hierbei wirksamen Mechanismen neue Informationen zu gewinnen, ist die Hitzeinaktivierung lebender Organismen bei veränderter isotoper Zusammensetzung des Wassers von zahlreichen Autoren untersucht worden. CRESPI u. a. [255] sowie KATZ [298] fanden, daß die Temperatur für den Adaptationsprozeß und das Wachstum von Mikroorganismen im schweren Wasser große Bedeutung besitzt. So ist beispielsweise die Blaualge *Phormidium luridium* ohne Schwierigkeiten in schwerem Wasser mit einer D-Häufigkeit von 75 at-% kultivierbar. In schwerem Wasser mit einer D-Häufigkeit von 90 at-% kommt jedoch bei 27 °C das Wachstum zum Stillstand. Auch nach 32 Tagen ist unter diesen Bedingungen noch kein Wachstum zu beobachten. Durch eine Temperaturerhöhung auf 32 °C kann das Wachstum in diesem Medium induziert werden. Eine andere Blaualge, *Fremyella diplosiphon*, wächst in D_2O (90 at-% D) bei 27 °C, ist aber dazu bei 32 °C nicht befähigt. Der optimale Temperaturbereich, in welchem Mikroorganismen wachsen, scheint daher für Wasser natürlicher isotoper Zusammensetzung und für schweres Wasser nicht der gleiche zu sein. Wenn eine bei 31 °C im Wasser natürlicher isotoper Zusammensetzung gewachsene Kultur von *E. coli* in ein D_2O-Medium umgesetzt wird, so sind die Lag-Phase und die Generationsdauer beträchtlich verlängert. Demgegenüber hat der Ersatz der normalen Glukose durch Deuteroglukose sowohl im H_2O- als auch im D_2O-Medium nur einen geringen Effekt auf das Wachstum. Die Situation ändert sich jedoch bei 37 °C, denn in einem Medium, das D_2O und Deuteroglukose enthält, ist bei dieser Temperatur das Wachstum wesentlich schlechter als in D_2O-Medien mit normaler Glukose oder in Medien mit Wasser natürlicher isotoper Zusammensetzung unter Zusatz normaler oder deuterierter Glukose [267].

Eine Verschiebung des für die Virusentwicklung optimalen Temperaturbereiches durch Erhöhung der D-Häufigkeit im Wasser des Kulturmediums stellten Lwoff und Lwoff [299], [300] bei Polio-Viren des Typs I auf menschlichen Krebszellen fest. D_2O vergrößert die Virusausbeute bei supraoptimalen Temperaturen und vermindert diese bei infraoptimalen Temperaturen. Dabei ist die Größe des Isotopieeffektes von der Deuteriumhäufigkeit abhängig. Eine Vorinkubation der Zellen in schwerem Wasser hat keinen Einfluß auf den Temperatureffekt. Auch bei anderen Polio-Viren kann die Hemmung der Virusproduktion nach einer Temperaturerhöhung durch D_2O aufgehoben werden [301], [302], [303]. Eine vergrößerte Virusausbeute im D_2O bei erhöhter Temperatur ist auch bei dem japanischen Encephalitis B-Virus nachzuweisen [304]. Darüber hinaus ist eine gesteigerte Hitzeresistenz der in D_2O-behandelten Zellkulturen synthetisierten Viren feststellbar. Der Stabilisierungseffekt ist jedoch streng phänotypischer Natur, da die Nachkommen solcher hitzeresistenten Viren, die in unbehandelten

Zellen synthetisiert werden, in normalem Wasser keine erhöhte Hitzeresistenz aufwiesen.

Mit Erhöhung der Temperatur kann bei *E. coli* zwischen 25 und 50 °C eine Abnahme der wachstumshemmenden Wirkung des schweren Wassers beobachtet werden [305], [306]. Oberhalb 48 °C ist das Wachstum im D_2O-Medium sogar besser als in den Wasserkontrollen, auch wenn es in diesem Temperaturbereich absolut betrachtet sehr gering ist. Die exponentielle Phase des Wachstums setzt im D_2O vor allem bei infraoptimalen Temperaturen später als in den Wasserkontrollen ein. Die Dauer der Lag-Phase wird dabei im schweren Wasser verdoppelt. Darüber

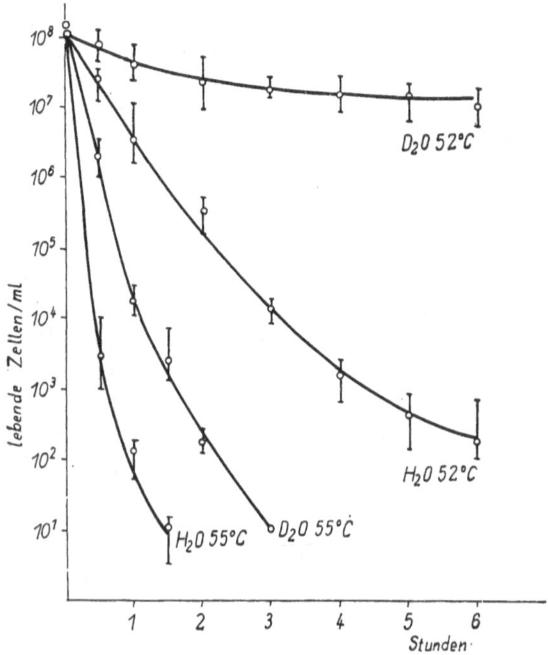

Abb. 22 Einfluß einer Hitzebehandlung auf die Lebensfähigkeit von *E. coli B* im H_2O- und D_2O-Medium. Ordinate: Anzahl der lebenden Zellen; Abszisse: Dauer der Hitzebehandlung

hinaus ist die Hitzeresistenz der Bakterien im schweren Wasser deutlich erhöht (Abb. 22). Dies wird durch die Abnahme des Austritts UV-absorbierenden Materials aus den Zellen nach Hitzebehandlung im D_2O im Vergleich zu den Wasserkontrollen bestätigt.

Auch die Sporen von *Aspergillus niger* zeigen im schweren Wasser eine geringere Hitzeempfindlichkeit [307]. Die Fähigkeit hitzebehandelter Sporen, nach der Keimung erneut Konidiosporen zu bilden, geht jedoch im D_2O verloren. Die Sporulationsanomalien bleiben einige Generationen erhalten, ehe Reversion zum Wildtyp auftritt. Der im Hinblick auf das Auftreten solcher Anomalien synergistische Effekt von D_2O und Hitze könnte durch Veränderung der von Wasserstoffbrücken abhängigen Sekundärstruktur der DNS erklärt werden.

Bei pflanzlichen und tierischen Zellen wurde ebenfalls eine durch schweres Wasser erhöhte Hitzestabilisierung gefunden [308]. Die gesteigerte Resistenz von Viren und lebenden Zellen im D_2O gegenüber erhöhten Temperaturen kann möglicherweise auch mit der stabilisierenden Wirkung des schweren Wassers auf die Konfiguration der Eiweißmoleküle in Zusammenhang stehen. Die unter dem Einfluß von schwerem Wasser auftretenden Änderungen im Helix-coil-Übergang und im physikalischen Verhalten von Proteinen [129], [309], [310], [311] sind im Abschnitt 4. näher dargelegt.

8.4. Einfluß von schwerem Wasser auf höhere Organismen

8.4.1. Pflanzen

Während man eine ganze Reihe von Mikroorganismen an schweres Wasser adaptieren kann, so daß sie auch in Wasser mit D-Häufigkeiten von mehr als 99,5 at-% wachsen, gelingt dies mit höheren Pflanzen nicht. Alle Versuche, höhere Pflanzen in Medien zu kultivieren, deren Wasser Deuteriumhäufigkeiten von mehr als 70 at-% aufweist, waren bisher erfolglos.

Schon frühzeitig wurde der Einfluß des schweren Wassers auf die Samenkeimung untersucht. Die ersten Messungen in den 30er Jahren sind jedoch aus den in Abschnitt 8.2. dargelegten Gründen nicht sehr aussagekräftig. Trotzdem konnte festgestellt werden, daß schweres Wasser die Samenkeimung hemmt und recht beträchtliche Einflüsse auf die pflanzliche Entwicklung hat [312]. Aus neueren Untersuchungen liegen hierzu quantitative Ergebnisse vor. So wird die Keimung der Samen einer Reihe von Arten in D_2O mit D-Häufigkeiten über 80 at-% vollständig gehemmt (z. B. *Avena sativa*, *Atropa belladonna*), während die Samen anderer Arten auch noch in reinem schweren Wasser keimen (*Secale cereale*, *Pisum sativum*; vgl. Tab. 3). Allerdings ist bei der Keimung in schwerem Wasser stets eine deutliche Verzögerung des Keimungsbeginns und eine Verlangsamung des Keimungsablaufs zu beobachten. Die Zeiten, in denen die Hälfte der Samen gekeimt ist, sind in D_2O etwa doppelt so lang wie in Wasser natürlicher isotoper Zusammensetzung. Flachs (*Linum usitatissimum*) und Salat (*Lactuca sativa*), die in normalem Wasser eine sehr kurze Keimdauer haben, benötigen in schwerem Wasser die 7- bzw. 13fache Zeit [313]. Daher ist es notwendig, für solche Untersuchungen nicht zu kurze Beobachtungszeiträume zu wählen.

Werden Pflanzen in schweres Wasser eingebracht, so verlangsamt sich sofort die Wachstumsgeschwindigkeit der Wurzeln, und nach 5 bis 6 Stunden ist das Wurzelwachstum vollständig gehemmt [315]. Diese Hemmung ist bereits nach relativ kurzen Einwirkungszeiten des schweren Wassers irreversibel. Untersuchungen an Sekundärwurzeln von *Vicia faba* (Ackerbohne) in situ ergaben [316], daß innerhalb von 30 Minuten nach Einbringen der Pflanzen in die schweres Wasser enthaltende Nährlösung Störungen im Ablauf der Mitose auftreten (Abb. 23). Nach etwa einer Stunde ist eine deutliche Änderung der Stadienverteilung zu beobachten, wobei vor allem die sehr starke Anhäufung von Metaphasestadien und die

Tabelle 3 Prozentsatz gekeimter Samen in Wasser unterschiedlicher D-Häufigkeit

Art	D_2O (at-%)						Literatur
	0	25	50	80	90	100	
Pisum sativum	90	90	94	88	92	100	[313]
Zea mays	100	100	84	90	96	94	[313]
Festuca rubra	100	100	100	86	91	91	[313]
Secale cereale	99	–	98	–	88	85	[314]*)
var. Tetra Petkus	85	77	84	88	92	88	[313]
Triticum aestivum	88	89	85	86	57	57	[313]
Phaseolus vulgaris	94	90	88	96	94	50	[313]
Arabidopsis thaliana	~95	~80**)	~70	–	~35	–	[323]
Digitalis purpurea	95	95	90	0	0	0	[314]
Lobelia inflata	100	100	0	0	0	0	[313]
Portulaca	18	–	0	–	0	0	[314]*)
Atropa belladonna	50	–	0	–	–	–	[321]

*) Prozentsatz gekeimter Samen nach 4 Tagen.
**) Bei 30 at-% D.

Abnahme von Anaphasestadien hervortreten. Einwirkungszeiten des schweren Wassers von mehr als 8 Stunden führen zu irreversiblen Schädigungen der Wurzeln. Die Wurzeln verlieren dann auch die Fähigkeit, nach Rückübertragung in Wasser natürlicher isotoper Zusammensetzung weitere Nebenwurzeln zu bilden. Eine Auswertung der in der Abbildung 23 dargestellten Ergebnisse zeigt, daß Anaphase und Telophase in schwerem Wasser durchlaufen werden können. Auch der Übergang vom Interphasekern in das Prophasestadium ist in Gegenwart von D_2O möglich. Der Teilungsstopp, der zur Wachstumshemmung der Sekundärwurzeln durch schwe-

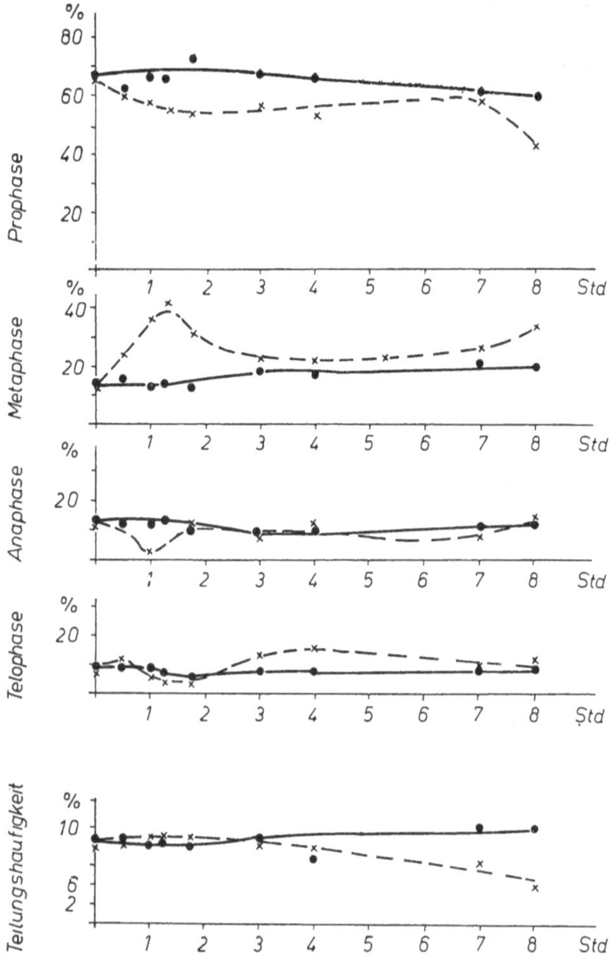

Abb. 23 Teilungshäufigkeit der Zellen des Wurzelspitzenmeristems von *Vicia faba* und Verteilung der in Teilung befindlichen Kerne auf die Stadien Prophase, Metaphase, Anaphase und Telophase unter dem Einfluß von schwerem Wasser. Zum Zeitpunkt $t = 0$ wurden die Pflanzen in die D_2O-haltige Nährlösung (Knop) eingebracht.

• – • Wurzeln in H_2O-Nährlösung (Kontrollen),

o o Wurzeln in D_2O-Nährlösung.

res Wasser führt, ist im wesentlichen auf eine Hemmung des Metaphasestadiums zurückzuführen. Es wird angenommen, daß dieser Effekt vor allem auf einer Unterdrückung oder Verzögerung der Spindelbildung beruht [316]. An Primärwurzeln von *Pisum sativum* (Erbse) und *Zea Mays* (Mais) konnten die gleichen Wirkungen des schweren Wassers nachgewiesen werden [317]. Auch morphologische Veränderungen treten bei den D_2O-behandelten Wurzeln auf. Meist schwellen die Wurzeln kurz unterhalb der Wurzelspitze infolge einer Vergrößerung der Rindenzellen und parenchymatischer Elemente des Zentralzylinders an, wie das bei Maiswurzeln zu beobachten ist, oder es treten, wie bei *Vicia faba*, im gleichen Wurzelbereich nekrotische Einschnürungen auf. Die stärksten Schädigungen sind histologisch im Bereich der Meristeme zu finden.

Eine der bezüglich der D_2O-Wirkung am besten untersuchten Pflanzen ist die Pfefferminze, *Mentha piperita*. Katz und Mitarbeiter [318], [319], [320] berichteten über die morphologischen, histologischen und physiologischen Veränderungen, die bei diesen Pflanzen nach Einbringen in D_2O-haltige Nährlösungen auftreten. Mit zunehmender D-Häufigkeit im Wasser der Nährlösung zeigt sich eine nahezu proportionale Reduktion des Längenwachstums der Seitentriebe. Auch die von den Pflanzen durch Transpiration abgegebene Wassermenge nimmt mit steigender D-Häufigkeit ab. Bei höheren D-Häufigkeiten (etwa 60 bis 70 at-%) sind die Sproßspitzen nicht mehr aufrecht orientiert, normale Blätter können von den Pflanzen nicht mehr ausgebildet werden. Bei D-Häufigkeiten über 50 at-% legen sich die Blätter nach unten gerichtet an den Stengel an und umfassen den gesamten Sproß, der auffallend zerbrechlich und spröde wird. Bei D-Häufigkeiten von mehr als 70 at-% verfärben sich die Blätter braun, werden nekrotisch und trocknen ein. Die Wurzeln sind bei den D_2O-behandelten Pflanzen zunehmend braun verfärbt, ihre Länge ist stark reduziert. Die Fähigkeit der Pflanzen, Blüten auszubilden, wird durch schweres

Wasser oberhalb 10 at-% Deuterium vollständig unterdrückt.

Pfefferminzpflanzen, die 50 Tage in D_2O-Nährlösungen mit einer Deuteriumhäufigkeit von 70 at-% kultiviert werden, zeigen recht beträchtliche histologische Veränderungen. Blattstärke, Dicke der oberen und unteren Epidermis sowie die Größe der Zellen in der Palisadenschicht und im Schwammparenchym der jungen Blätter sind in schwerem Wasser auf nahezu das Doppelte erhöht. Die Mittelrippe und die Gefäßbündel in der Mittelrippe sind jedoch bei den D_2O-behandelten Pflanzen wesentlich kleiner [319]. Die jungen Stengelabschnitte, wenige Millimeter unterhalb der Sproßspitze abgeschnitten, haben bei den Versuchspflanzen im Vergleich zu den Kontrollen den doppelten Durchmesser. Die Epidermis ist doppelt so stark und an allen Ecken des Stengels sind große Kollenchymbündel entwickelt. Die Einzelzellen von Rinde und Mark sind bei den deuterierten Pflanzen wesentlich größer. In älteren (reifen) Stengelabschnitten, die bereits vor Beginn der D_2O-Einwirkung ausdifferenziert waren, fehlt bei den Versuchspflanzen das weitere Wachstum des Kambiums, so daß die Gefäßbündel gegenüber den Kontrollen schwächer ausgebildet sind. Der Durchmesser der Wurzeln ist herabgesetzt, jedoch nur auf Grund einer weniger stark ausgebildeten Rindenschicht. Das zentrale Leitbündel hingegen hat den gleichen Durchmesser wie bei den Kontrollen. Eine Schicht sekundäres Xylem, die bei den Kontrollen vorhanden ist, fehlt bei den in D_2O kultivierten Pflanzen.

Zusammenfassend läßt sich feststellen, daß alle Gewebe, in denen Zellteilungsprozesse ablaufen, durch das schwere Wasser besonders stark geschädigt werden. Wachstumsregulatoren kompensieren etwas die Wirkungen des D_2O, ohne daß es jedoch möglich wäre, durch Einsatz solcher Substanzen (Indolylessigsäure, Gibberellinsäure, Naphthalenessigsäure) ein Wachstum der Pflanzen in Wasser mit höheren D-Häufigkeiten als 70 at-% zu induzieren.

Das Wachstum von *Atropa belladonna*-Pflanzen (Tollkirsche) ist durch schweres Wasser bereits im Bereich unterhalb 50 at-% D stark gehemmt. Allerdings können die Pflanzen in 50%igem schweren Wasser noch Blüten und Früchte ausbilden [321], [322]. Die Samen der deuterierten Pflanzen sind kleiner als die der Kontrollpflanzen. Das durchschnittliche Samengewicht beträgt 1,52 mg für die Kontrollen, 1,10 mg bei Wachstum der Pflanzen in 30%igem und 0,70 mg bei Wachstum in 50%igem D_2O. Mit zunehmender D-Häufigkeit in der Nährlösung nimmt die Anzahl der ausgebildeten Samen ab. Auch der Alkaloidgehalt der Pflanzen geht zurück.

Werden Pflanzen über mehrere Generationen hinweg in schwerem Wasser kultiviert, so kann nach drei Generationen ein gewisser Grad von Anpassung gefunden werden [322]. Ähnliche Beobachtungen können bei *Arabidopsis thaliana* gemacht werden [323]. Werden Pflanzen bei einer bestimmten D-Häufigkeit des schweren Wassers über mehrere Generationen hinweg kultiviert, so nimmt die Keimfähigkeit der Samen von der ersten zur sechsten Generation hin ab, gleichgültig, ob die Keimfähigkeit in Wasser natürlicher isotoper Zusammensetzung oder in schwerem Wasser (50% D) geprüft wird. Allerdings ist die Überlebensfähigkeit der Pflanzen bis zur Reife und Samenbildung in der sechsten Generation mit 82% wesentlich höher als in der ersten Generation, in der sie nur 27% beträgt. Die Samen solcher an schweres Wasser adaptierter Pflanzen entwickeln sich in Wasser natürlicher isotoper Zusammensetzung zu völlig normalen Pflanzen, die sich von den Kontrollen in keiner Weise unterscheiden. Morphologische oder Chlorophyllmutanten treten nicht auf.

Bei *Vicia faba* ist in Medien mit einer D-Häufigkeit oberhalb 70 at-% ebenfalls kein Wachstum mehr erzielbar [324]. Nach mehrtägiger Einwirkung hochangereicherten schweren Wassers sind die meristematischen Gewebe der Sproßbündel und besonders die Phloemprimanen bräunlich verfärbt und nekrotisch. Im parenchymatischen

Gewebe des Stengels treten auch nekrotische Bezirke auf. Zunächst vertrocknen die oberen Blattprimordien, später der gesamte Vegetationspunkt des Sprosses. Die Wurzeln verfärben sich bräunlich und sterben bei fortdauernder Einwirkung des schweren Wassers ab. Nach 6 Tagen sind die Pflanzen im schweren Wasser mit D-Häufigkeiten von 90 und 99,8 at-%, nach 20 Tagen im Wasser mit D-Häufigkeiten von mehr als 70 at-% abgestorben.

14 Tage alte *Vicia faba*-Keimpflanzen, die für begrenzte Zeiten (15 Minuten, 1, 4, 8, 24, 48 und 72 Stunden) in eine schweres Wasser (99,8 at-% D) enthaltende Knopsche Nährlösung eingebracht und anschließend in normaler Knoplösung weiter kultiviert werden, zeigen auch nach kurzen Einwirkungszeiten bereits beträchtliche Schädigungen. Das Wachstum der Wurzeln wird schon durch 15 Minuten dauernde Einwirkung des schweren Wassers vollständig und irreversibel gehemmt. Einige Tage nach der D_2O-Behandlung bilden sich an den bräunlich verfärbten Sekundärwurzeln neue Nebenwurzeln aus. Auf die Sproßentwicklung nehmen die Wurzelschädigungen bei diesen Pflanzen keinen Einfluß. Pflanzen, die bis zu acht Stunden dem schweren Wasser ausgesetzt waren, lassen etwa gleiche Reaktionen erkennen, aber die Fähigkeit zur Ausbildung neuer Nebenwurzeln geht mit steigender Einwirkungsdauer des schweren Wassers zurück. Bei 24 Stunden und länger in schweres Wasser eingestellten Pflanzen sterben die Wurzeln ab und das Sproßwachstum stagniert (Abb. 24). Die stärksten äußerlich sichtbaren Veränderungen treten bei diesen Pflanzen nach der Rückübertragung in Wasser natürlicher isotoper Zusammensetzung auf.

Transpirationsmessungen an den D_2O-behandelten Pflanzen ergeben unmittelbar nach einer einstündigen Einwirkung von schwerem Wasser auf die Wurzeln eine starke Abnahme der Transpiration, die einige Stunden andauert. Bei längerer Behandlungsdauer wird der Wasserhaushalt der Pflanzen erheblich beeinträchtigt, und die durch Transpiration abgegebene Wassermenge geht stark zurück. Bereits bei kleinsten Belastungen bricht der Wasserhaushalt dieser Pflanzen vollständig zusammen.

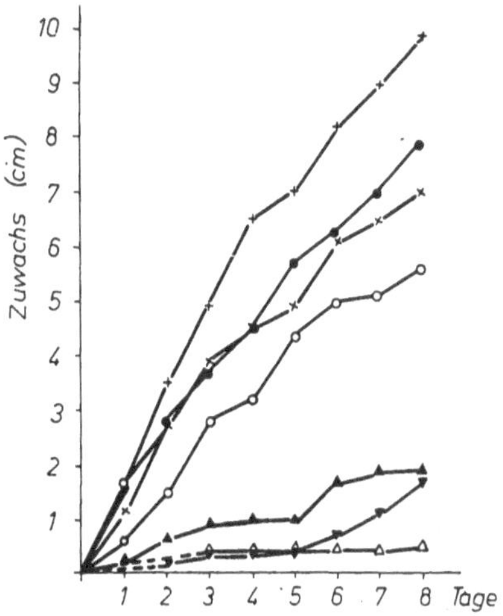

Abb. 24 **Zuwachs von *Vicia faba*-Pflanzen nach Einwirkung von schwerem Wasser auf die Wurzeln. Einwirkungsdauer des schweren Wassers: • – • 0 Stunden (Kontrolle); + – + 1 Stunde; × – × 4 Stunden; ○ – ○ 8 Stunden; ▲ – ▲ 24 Stunden; ▼ – ▼ 48 Stunden; △ – △ 72 Stunden**

Ausführliche Untersuchungen über die Wirkung des schweren Wassers auf höhere Pflanzen liegen auch an *Lemna*, der Wasserlinse, vor [325]. Die Grenze für die Wachstumsfähigkeit dieses Objekts liegt bei einer D-Häufigkeit von 63 at-% im Wasser des Kulturmediums. Bei 65 at-% Deuterium ist das Wachstum völlig gehemmt und die Pflanzen sterben rasch ab. Die bei Konzentrationen von 30 und 50 at-% D auftretenden Schädigungen — sie äußern sich in verlangsamter Ausbildung neuer blattartiger Glieder, der Zunahme von Gliederlänge und -dicke, der Hemmung des Wurzelwachstums, der Desorganisation der inneren Struktur, der Zunahme der Zellgröße und dem Ausbleichen der älteren Glieder — können zum Teil durch Kinetin rückgängig gemacht werden.

Bünning und Baltes [326] konnten nachweisen, daß schweres Wasser die Periodenlängen und die Phasenlagen der endogenen Tagesrhythmik bei *Phaseolus vulgaris* (Bohne), gemessen am Verlauf der Blattbewegungen, beeinflußt. Bei D-Häufigkeiten von 20 bis 50 at-% wird die Periodenlänge von 27,5 auf etwa 30 Stunden erhöht.

Die Protoplasmaströmung wird durch schweres Wasser verlangsamt [327]. Bei Übertragung von Blättchen der Wasserpest (*Elodea densa*) in schweres Wasser (99,8 at-% D) wird zunächst in allen Zellen die Protoplasmaströmung sistiert. Etwa 10 Minuten später setzt bei einem Teil der Zellen die Plasmabewegung wieder langsam ein. Sie erreicht nach 30 bis 60 Minuten in schwerem Wasser eine Geschwindigkeit, die im Vergleich zum Wasser natürlicher isotoper Zusammensetzung um den Faktor 1,7 langsamer ist. Die Rückübertragung der Blättchen aus dem schweren Wasser in normales Wasser führt zu einer sofortigen Beschleunigung der Plasmaströmung auf die unter üblichen Bedingungen zu messenden Werte. Die gleichen Einflüsse des schweren Wassers auf die Plasmaströmung können auch an den Internodialzellen der Characee *Tolypella nidifica* gefunden werden.

Um die beträchtlichen toxischen Effekte erklären zu können, die das schwere Wasser bei höheren Pflanzen verursacht, wurde nach Einzelreaktionen gesucht, die durch schweres Wasser vollständig hemmbar sind. Fermentreaktionen des Intermediärstoffwechsels, auch so komplexe Reaktionsketten wie Atmung und Photosynthese, laufen in schwerem Wasser, wenn auch um den Faktor 1,5 bis 2,0 verlangsamt, ab (vgl. Abschnitt 8.1.). Diese Verlangsamung der Stoffwechselprozesse kann die auftretenden Störungen nicht erklären. Bei der Suche nach weiteren Reaktionen, die neben der Mitose vollständig durch schweres Wasser gehemmt werden, konnte die wuchsstoffabhängige Zellstreckung als eine solche

Reaktion erkannt werden [328]. Wird im Agrostemma-Wuchsstoff-Test das Wasser der β-Indolylessigsäure-Lösung (15 γ IES/*l*), in welche die Hypokotylabschnitte eingelegt werden, durch schweres Wasser ersetzt, so verringert sich der Zuwachs dieser Abschnitte mit steigender D-Häufigkeit. Oberhalb von 30 at-% D ist die β-Indolylessigsäure völlig unwirksam. Der Zuwachs der Kontrollen ohne Wuchsstoff wird durch schweres Wasser nicht herabgesetzt (Abb. 25). Mit *Avena*-Koleoptylzylindern können im wesentlichen die gleichen Ergebnisse erzielt werden. Auch bei diesem Objekt hebt schweres Wasser mit einer D-Häufigkeit von 99,8 at-% die Wirkung des Wuchsstoffes vollständig auf. Bei D-Häufigkeiten von weniger als 80 at-% wird jedoch die Wuchsstoffwirkung nicht vollständig unterdrückt (Abb. 26). Erbsenepikotylabschnitte, die in schwerem Wasser (99,8 at-%) mit IES (30 mg/*l*) inkubiert werden, enthalten zwar IES, sind jedoch zur Bildung von Indolylacetyl-Asparaginsäure (IAAsp), dem Konjugationsprodukt aus IES und L-Asparaginsäure, nicht befähigt. Auch Hypokotylabschnitte der Kornrade (*Agrostemma*) können im schweren Wasser IAAsp nicht bilden. IAAsp-Mangel ist jedoch für die Wachstumshemmung im schweren Wasser nicht verantwortlich, da auch in D_2O-haltigen IAAsp-Lösungen (100 mg/*l*) der Zuwachs der Abschnitte den der Kontrollen ohne Wuchsstoffzusatz nicht übersteigt [329].

Versuche mit Erbsenepikotylabschnitten zeigten [329], daß die normalerweise unter dem Einfluß von IES auftretende Förderung des ^{32}P-Einbaus aus Phosphat in die RNS durch schweres Wasser unterdrückt wird. Bei Abwesenheit von IES ist jedoch die ^{32}P-Inkorporation in die RNS D_2O-behandelter Epikotylabschnitte größer als bei Abschnitten, die in Wasser natürlicher isotoper Zusammensetzung inkubiert werden. Zur Erklärung dieses Befundes können Ergebnisse von Hermans und Scheraga [129] herangezogen werden, wonach Deuterierung die Resistenz der Ribonuklease gegenüber Hitzedenaturierung erhöht. Eine Stabilisierung dieses Enzym-

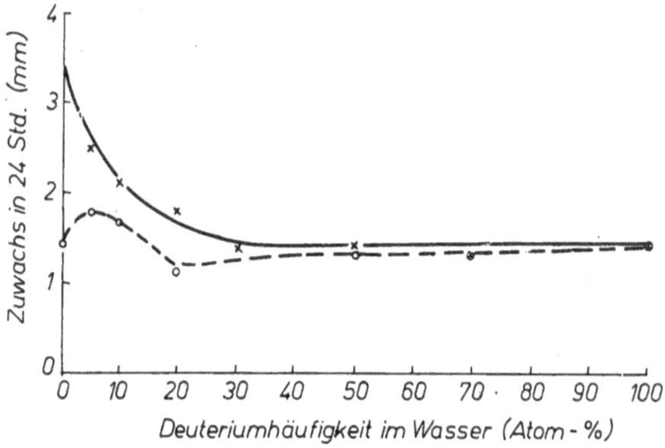

Abb. 25 Zuwachs von 5 mm langen *Agrostemma*-Hypokotylabschnitten, gemessen 24 Stunden nach Einbringen in wäßrige Lösungen unterschiedlicher Deuteriumhäufigkeit. × – × mit β-Indolylessigsäure; o --- o ohne β-Indolylessigsäure

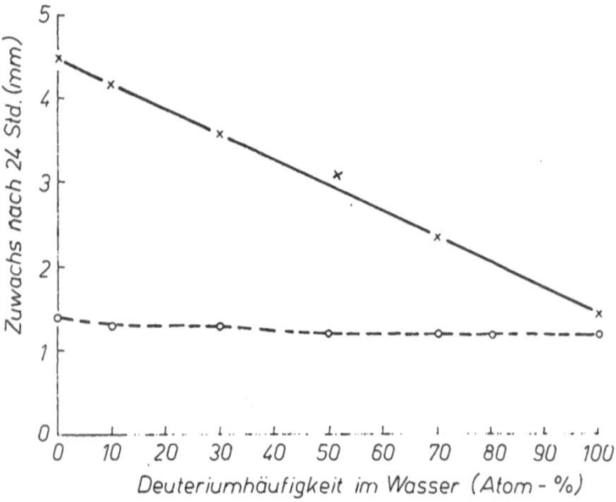

Abb. 26 Zuwachs von 5 mm langen *Avena*-Koleoptilzylindern, gemessen 24 Stunden nach Einbringen in wäßrige Lösungen unterschiedlicher Deuteriumhäufigkeit. × – × mit β-Indolylessigsäure; o --- o ohne β-Indolylessigsäure

proteins könnte zu einer Hemmung seiner Reaktionsfähigkeit führen und somit den Abbau der RNS herabsetzen. Für diese Annahme spricht auch die Beobachtung, daß aus D_2O-behandelten Epikotylsegmenten mehr RNS extrahiert werden kann als aus den Kontrollen in normalem Wasser.

Eine Fraktionierung der Nukleinsäuren ergibt, daß unter dem Einfluß von IES die Synthese von ribosomaler und löslicher RNS gefördert wird. Unter dem Einfluß von schwerem Wasser wird die IES-induzierte Synthese ribosomaler RNS gehemmt. Dahlhelm [329] diskutiert, daß entweder die Induktion oder die Synthese des für die Aspartatbildung erforderlichen Enzyms durch schweres Wasser unterbunden wird, so daß aus diesem Grunde keine Indolylacetyl-Asparaginsäure gebildet werden kann. Auch bei Mikroorganismen ist, wie im Abschnitt 8.2.2. dargelegt, die Synthese induzierbarer Enzyme durch D_2O gehemmt. (Zum Beispiel ist die Bildung der durch Lactose induzierbaren β-Galaktosidase bei *Escherichia coli* gehemmt [330]. Da die Galaktosidasebildung nur bei induzierbaren, nicht aber bei konstitutiven Stämmen durch schweres Wasser beeinträchtigt wird, könnte das schwere Wasser direkt den Repressor des Lac-Operons, der ein hochmolekulares Protein ist, beeinflussen). Die Untersuchung eines allosterischen Enzyms in vitro durch Henderson und Henderson [331] ergab, daß D_2O die Änderung der Konfiguration allosterischer Enzyme hemmt. Das schwere Wasser kann demnach die normale Wechselwirkung des Repressors mit dem Effektor beeinflussen. Die Induktion des für die IAAsp-Bildung erforderlichen Enzyms könnte in den IES-behandelten pflanzlichen Geweben ebenfalls durch einen Einfluß des schweren Wassers auf das entsprechende Repressorprotein gehemmt sein. Deshalb wird der stabilisierende Effekt des schweren Wassers auf allosterische Proteine als die Primärursache für das Fehlen auxininduzierter Reaktionen in schwerem Wasser betrachtet [329].

Über stabilisierende Effekte des schweren Wassers auf

Proteine in vivo berichten auch andere Autoren [332]. Die Gründe für derartige Effekte wurden bereits im Abschnitt 4. dargelegt. Es darf daher angenommen werden, daß die drastischen Wirkungen des schweren Wassers auf höhere Pflanzen vor allem auf Strukturänderungen im makromolekularen Bereich zurückführbar sind. Diese Auffassung wird auch dadurch unterstrichen, daß die durch schweres Wasser am stärksten beeinflußten Reaktionen, Mitose und Zellstreckung, in besonders starkem Maße mit der Ausbildung neuer Strukturen in der Zelle verknüpft sind (vgl. Abschnitt 8.1.).

8.4.2. Tiere

Untersuchungen über die Wirkung des schweren Wassers auf höhere Tiere werden im allgemeinen so angelegt, daß man den Versuchsobjekten das schwere Wasser injiziert oder ad libitum als Trinkwasser verabreicht. Mäuse, die Wasser mit einer D-Häufigkeit von 40 at-% erhielten, überlebten 60 Tage; bei einer D-Häufigkeit von 75 at-% im Trinkwasser betrug die Überlebensdauer 12 Tage [333]. Das aufgenommene schwere Wasser verteilt sich rasch gleichmäßig auf alle Organe, so daß bereits nach 10 bis 30 Minuten im Wasser von Blut, Organen und Muskulatur gleiche D-Häufigkeiten gefunden werden können [334]. Die Wirkung des schweren Wassers ist dadurch charakterisiert, daß nach Aufnahme kleinerer Dosen (ca. 10 at-% D im Körperwasser) zunächst eine zunehmende Passivität der Tiere auftritt. Bei weiterer D-Aufnahme (ca. 15 at-% D im Körperwasser) tritt eine stupuröskatatone Phase auf, in der die Tiere sich meist völlig bewegungslos verhalten, durch äußere Reize jedoch auch zu sehr lebhaften Bewegungen veranlaßt werden können. Weitere D_2O-Aufnahme führt zu zunehmender Mattigkeit, Kraftlosigkeit und ataktisch unsicheren Bewegungen. Die Atmung wird oberflächlicher, periodisch treten klonische Krampfanfälle auf, allmählich beherrscht jedoch reine Atonie das Bild. Bei D-Häufigkeiten von mehr als 30 at-% im Körperwasser entwickelt sich ein tiefes Koma, und die Atmung setzt mehr und mehr aus, bis der Tod eintritt [335], [336]. Bei Gabe subletaler Dosen von schwerem Wasser per os über einen längeren Zeitraum bilden sich, allerdings langsamer als nach Injektion, die gleichen Symptome aus. Der Grundumsatz geht mit steigender D-Häufigkeit im Körperwasser zurück. Verlangsamung der Herztätigkeit (Bradykardie) und neuromuskuläre Übererregbarkeit sind zu beobachten. Die Periodenlänge des Tagesrhythmus als Indikator physiologischer Regulationsmechanismen wird mit steigender D-Häufigkeit erhöht [337]. Das Blut D_2O-vergifteter Ratten zeigt erhöhte Werte für anorganischen Phosphor, Nicht-Eiweiß-N, Harnstoff und Milchsäure sowie niedrigeren Glukose- und Plasmaprotein-Gehalt [338]. Die Leber weist geringere Aktivitäten von Esterase, DPN-Cytochrom c-Reduktase und Katalase sowie erhöhte Aktivitäten von Arginase und Uricooxydase auf. Die Aktivität der Oxalessigsäure-Transaminase ist ebenfalls erhöht [339]. Die Glutaminsäure-Decarboxylase des Rattenhirns ist zwar in vitro durch D_2O gehemmt, zeigt jedoch in Hirnabschnitten, die aus D_2O-behandelten Tieren gewonnen wurden, keine Veränderungen. Mitochondrien, die aus Leber und Niere von Ratten stammen, deren Körperwasser eine D-Häufigkeit von 31,5 at-% aufweist, können Fumarsäure und α-Ketoglutarsäure nur noch in vermindertem Maße oxydieren. Die Fettsynthese in der Leber von Mäusen, die schweres Wasser (25 at-% D) als Trinkwasser erhalten, ist herabgesetzt [340]. Diese Abnahme der Lipogenese scheint mehr auf Veränderungen der Struktur der Leberzellen als auf die Hemmung der Enzymaktivität durch D_2O zurückzuführen sein.

Mit steigender D-Häufigkeit im Körperwasser ist auch die DNS-Synthese in der Leber in zunehmendem Maße gehemmt. Bei einer D-Häufigkeit von 30 at-% im Körperwasser von Ratten ist der ^{32}P-Einbau in die DNS-Fraktion auf etwa ein Fünftel des Normalwertes herabgesetzt

[341]. Bei Kaninchen kann unter dem Einfluß von D_2O ebenfalls eine starke Abnahme des ^{32}P-Einbaus in die DNS-Fraktion des Knochenmarks beobachtet werden [342].

Bei Hunden führt die Verabreichung schweren Wassers (20 at-% D im Trinkwasser über 50 Tage oder 33—35 at-% D im Trinkwasser über einen kürzeren Zeitraum) zur Abnahme der Hämoglobinwerte, des Hämatokrits und der Erythrocytenzahl, während die Leukocytenzahl unbeeinflußt bleibt, obwohl eine progressive Lymphopenie (Verminderung der Lymphocyten) und Granulocytose auftritt. Die Serumwerte für Glukose und Cholesterin gehen zurück. Natrium und Nicht-Eiweiß-N-Gehalt werden nicht verändert. Das Elektrokardiogramm weist auf eine unspezifische Myocardschädigung hin [343]. Die Veränderungen sind reversibel, wenn die D-Häufigkeit im Körperwasser 30 at-% nicht überschreitet.

Die Verabreichung von schwerem Wasser mit einer D-Häufigkeit von 25 at-% führt bei weiblichen Mäusen zu einer Abnahme von Paarungsversuchen und zu einer Zunahme von nicht lebensfähigen Würfen. Die durchschnittliche Wurfgröße nimmt mit fortdauernder Einwirkungszeit des schweren Wassers ab. Wird das schwere Wasser länger als sieben Tage vor dem Werfen der Tiere verabreicht, so sind alle neugeborenen Tiere tot [344]. Männliche Tiere werden unter dem Einfluß von D_2O (30 at-% D im Trinkwasser über 14 Tage verabreicht) steril [345]. Die sensitive Phase der Samenbildung liegt etwa in der Prophase der Meiose. Die gesamte Spermatogenese wird sehr stark beeinträchtigt, wobei histologisch die Degeneration von Spermatocyten nachweisbar ist [346].

Veränderungen der Nierenfunktion konnten an Ratten gefunden werden, die Trinkwasser mit einer D-Häufigkeit von 50 at-% erhielten. Ist im Körperwasser Deuterium mit einer relativen Häufigkeit von 28 at-% nachweisbar, so wird die glomeruläre Filtration auf 45% im Vergleich zu den Kontrollwerten reduziert. Die Urinausscheidung ist um 60% herabgesetzt. Die Werte normalisieren sich wieder, wenn die Tiere Wasser natürlicher isotoper Zusammensetzung als Trinkwasser erhalten [347].

Zahlreiche morphologische und histologische Veränderungen, die unter dem Einfluß des schweren Wassers auftreten, wurden beschrieben. So sind an den Lungen D_2O-behandelter Mäuse (ca. 30 at-% D im Körperwasser) atalektatische Partien, kleine begrenzte Bronchopneumonien sowie Blutungen im Lungenparenchym zu beobachten [336], [348]. In den Testis kann keine Differenzierung in Sertoli-Zellen und germinative Zellen festgestellt werden. Die Kerne in der inneren Schicht des Epithels treten als runde, kompakte Chromatinklumpen in Erscheinung. In den Speicheldrüsen und in den Nieren sind nekrotische Zellen, charakterisiert durch pyknotische Kerne und hyalines oder granuläres Protoplasma, zu finden [349]. Elektronenmikroskopisch lassen sich in der Niere keine wesentlichen Veränderungen nachweisen, jedoch fehlt das endoplasmatische Reticulum in den Zellen des proximalen und distalen Abschnitts der Nierenkanälchen [350].

Die unter dem Einfluß von schwerem Wasser auftretenden Schädigungen lassen erkennen, daß besonders solche Organe in Mitleidenschaft gezogen werden, die eine hohe Zellteilungsrate aufweisen (Knochenmark, Gonaden). Es hat daher nicht an Versuchen gefehlt, die Wirkung des D_2O auf in Teilung befindliche Zellen auszunutzen, um das Tumorwachstum zu beeinflussen. So ist die Entwicklung von Aszites-Tumorzellen in Mäusen, deren Körperwasser D_2O mit D-Häufigkeiten zwischen 13 und 32 at-% enthält, gehemmt [351]. Aszites-Tumor-infizierte Mäuse, die schweres Wasser mit D-Häufigkeiten von 25 bis 30 at-% zu trinken erhalten, haben gegenüber den Kontrolltieren eine erhöhte Überlebenszeit von 6 Tagen, während schweres Wasser mit einer D-Häufigkeit von 40 at-% keine Wirkung aufweist [352]. Diese Befunde lassen erkennen, daß D_2O zwar die Tumorentwicklung hemmt, daß dabei aber gleichzeitig auch die Versuchstiere durch das schwere Wasser geschädigt werden. Auch der Versuch, durch kombinierte Anwendung von schwerem Wasser und cancerostatisch wirkenden Substanzen (Colchicin, 5-Fluoruracil, 6-Mercaptopurin, Cyclophosphamid) eine Potenzierung der krebshemmenden Wirkung zu erreichen, erbrachte zwar einige positive Ergebnisse, die Schädigung gesunder Gewebe wird jedoch bei dieser Behandlungsart ebenfalls erhöht [353].

Da bei einer Versuchsanordnung, in welcher die Tiere das schwere Wasser als Trinkwasser oder durch Injektion erhalten, die Anreicherung des Deuteriums im Körperwasser auf Werte um 30 at-% nur in einem Zeitraum von 5 bis 7 Tagen möglich ist, läßt sich nicht entscheiden, ob die letale Wirkung als Folge der Schädigung bestimmter Organe auftritt oder ob der Tod bei Überschreiten eines bestimmten Grenzwertes der D-Häufigkeit im Körperwasser eintritt. Durch Anwendung der Peritonealdialyse mit D_2O ist es möglich, die D-Häufigkeit im Körperwasser innerhalb von 2 bis 4 Stunden auf Werte über 30 at-% anzuheben. Mit einer solchen Versuchsanstellung kann daher eine akute D_2O-Vergiftung näher untersucht werden [354]. Entsprechende Versuche ergaben, daß mit zunehmender Anreicherung des Deuteriums im Körperwasser die Atmung unregelmäßiger und langsamer wird und Dyspnoe sowie Cyanose auftreten. Bei einer D-Häufigkeit von 15 at-% wird eine Minderung der Herzfrequenz meßbar. Dabei zeigt sich im EKG zunächst eine Hemmung der Erregungsbildung, später eine Hemmung der Erregungsleitung zwischen Vorhof und Kammer. Bei einer weiteren Steigerung der D-Häufigkeit (30 bis maximal 60 at-% im Blut) wird die Erregungsleitung völlig blockiert, so daß das Tier unter den Zeichen akuten Herzversagens ad exitum kommt. Unter der Dialyse mit schwerem Wasser tritt eine negative Wasserbilanz und eine leichte Elektrolytanreicherung auf. Aus diesen Befunden geht hervor, daß schweres Wasser nicht infolge einer primären Wirkung auf in Teilung befindliche Gewebe letal wirkt, sondern daß bei Überschreiten eines Grenzwertes der Deuteriumhäufigkeit im Körperwasser die letalen Effekte sofort in Erscheinung treten. Dieser Grenzwert liegt für höhere Tiere (Ratten, Mäuse, Hunde) etwa bei 30 at-% D. Wird das schwere Wasser, etwa durch Peritonealdialyse mit Wasser natürlicher isotoper Zusammensetzung, rechtzeitig wieder aus dem Körper entfernt, so ist eine vollständige Erholung des Versuchstieres zu beobachten [336], [354].

8.4.3. Zell- und Gewebekulturen

Das Wachstum von Kaninchenfibrozyten ist in D_2O-haltiger Tyrode-Lösung gehemmt [355]. Schweres Wasser mit D-Häufigkeiten zwischen 25 und 33 at-% bewirkt einen Rückgang der beobachteten Mitosenzahl, der schon eineinhalb Stunden nach Inkubationsbeginn sichtbar wird. Bei einer D-Häufigkeit von 33 at-% im Wasser des Kulturmediums ist eine Verlängerung der Dauer der frühen Metaphase zu beobachten. Mit Zunahme der D-Häufigkeit tritt diese Hemmung der Zellteilung immer stärker hervor, und es kommt zum Mitosestopp im Stadium der Metakinese. Bei D-Häufigkeiten über 75 at-% runden sich die Zellen ab, ihre Kerne werden pyknotisch und das Plasma zerfällt. Bei allen untersuchten D-Häufigkeiten oberhalb 25 at-% ist der Prozentsatz von Chromosomenabsprengungen in der späten Metaphase erhöht.

Leukozyten, die in Diffusionskammern subkutan solchen Tieren implantiert werden, deren Körperwasser 30 at-% Deuterium enthält, sind nicht in der Lage, sich weiter zu vermehren oder zu Fibroblasten zu differenzieren [356].

Hühner-Erythroblasten zeigen bei Kurzzeitexperimenten (30 minutige Inkubation in D_2O, 99,8 at-% D) eine Hemmung des Einbaus von Lysin-[^{14}C] in verschiedene Proteinfraktionen, wobei der Einbau in verschiedene Histonfraktionen besonders stark beeinflußt ist [357]. Erythroblasten aus Tieren, deren Körperwasser 30 at-% D enthielt, weisen eine um 50% geringere Einbaurate von Lysin-[^{14}C] in die Arginin-reichen Histonfraktionen

F_{2a} und F_3 als die Zellen aus Kontrolltieren auf. Der Einbau in die Lysin-reichen Histonfraktionen F_1 und F_{2b} oder in die Restproteinfraktion ist nur um 10 bis 20% gegenüber den Kontrollzellen herabgesetzt. In den Erythroblasten wird demnach durch schweres Wasser in subletalen Konzentrationsbereichen bereits die Synthese von Kernproteinen deutlich beeinflußt.

Untersuchungen über das Wachstum von Krebszellen in D_2O-haltigen Kulturmedien ergaben ebenfalls deutliche Hemmwirkungen des schweren Wassers. HeLa-Zellen zeigen bereits bei D-Häufigkeiten von 20 at-% cytologische Veränderungen, wobei Riesenzellen, mehrkernige Zellen und pyknotische Kerne besonders hervortreten [358]. ROTHBLAT u. a. [359] untersuchten das Wachstum von HeLa-Zellen und L-Zellen in D_2O-haltigen Medien verschiedener D-Häufigkeit. Sie fanden eine Abnahme der Zellzahl in den Kulturmedien mit steigender D-Häufigkeit. Bei D-Häufigkeiten oberhalb 50 at-% war kein Wachstum mehr vorhanden. Bei D-Häufigkeiten zwischen 20 und 30 at-% konnten eine Verlängerung der Generationszeit, eine Zunahme der Zellgröße und eine Erhöhung des Gehalts an Lipiden, Cholesterin-Estern und Glyceriden beobachtet werden.

Die Schädigungen an den Zellen bei Kultivierung in vitro treten demnach etwa bei den gleichen D-Häufigkeiten auf, die auch beim intakten Tier zu den letalen Wirkungen führen. Untersuchungen an Kulturen pflanzlicher Gewebe bestätigen diese Beobachtungen auch für diese Objekte. So gelingt es nicht, Gewebe höherer Pflanzen (Möhren, Tabak, Stechapfel u. a.) auf Agar-Nährböden zu kultivieren, deren Wasser D-Häufigkeiten über 70 at-% aufweist [360]. Mit steigender D-Häufigkeit im Wasser des Kulturmediums ist das Wachstum in zunehmendem Maße gehemmt. Die Gewebe sterben aber auch bei längerem Aufenthalt in Wasser mit 70 at-% Deuterium nicht ab, sondern können nach Rückübertragung in Wasser natürlicher isotoper Zusammensetzung weiter wachsen [360].

8.5. Genetische Effekte des schweren Wassers

ZAMENHOF und DEMEREC [361], [362] fanden, daß subletale Dosen von schwerem Wasser, die an Larven von *Drosophila melanogaster* verfüttert oder injiziert werden, zwar Wachstumshemmungen hervorrufen, aber die Mutationsrate der Fliegen nicht beeinflussen. Untersuchungen von HUGHES [363], [364], [365] am gleichen Objekt ergaben, daß Deuterium zwar keine Mutationen bei den Fliegen induziert, aber ein verstärktes Verkleben gepaarter Chromosomen in der Meiose (Non-Disjunktion) hervorrufen kann. Sowohl Deuteriumoxid als auch Tritiumoxid sind in der Lage, diesen Effekt auszulösen, wobei ein Gemisch der beiden isotopen Wasserarten stärker wirksam ist als jedes der beiden allein.

Die in den letzten Jahren erzielten Fortschritte der Mikrobengenetik ermöglichten eingehendere Studien zur genetischen Wirkung des schweren Wassers. Tatsächlich lassen sich genotypische Effekte nach Inkorporation von Deuterium in Viren und Bakterienzellen nachweisen. So ist beispielsweise die Rückmutationshäufigkeit zur Streptomycin- bzw. Thyminunabhängigkeit um ein Vielfaches gegenüber der spontanen Reversion erhöht [366], [367].

Die Reversion zur Streptomycinunabhängigkeit erhöhte sich bei dem Streptomycin-abhängigen *E. coli*-Stamm Sd/4 unter dem Einfluß von D_2O auf das 25-fache gegenüber der spontanen Rückmutationshäufigkeit, die Reversion zur Thyminunabhängigkeit eines Thymin-abhängigen Stammes konnte sogar auf das 100-fache gesteigert werden. Drei von fünf getesteten Bakterienstämmen zeigten jedoch keinen Effekt. Auch der Mutationsschritt zur Resistenz gegenüber T1- und T2-Bakteriophagen bei E. coli B blieb durch schweres Wasser unbeeinflußt [368].

Die Ergebnisse machen deutlich, daß Deuterium nicht nur phänotypische, sondern auch genotypische Änderungen in Mikroorganismen induziert. Die mutagene Wirkung ist jedoch nur für einige Genloci spezifisch und wird wesentlich vom Genotypus des verwendeten Stammes beeinflußt. Messungen der Deuteriumhäufigkeit der DNS-Basen von *E. coli* ergaben, daß der Einbau von Deuterium in die Purine Adenin und Guanin während des Wachstums der Bakterien in schwerem Wasser sehr gering ist. Die Pyrimidine Thymin und Cytosin jedoch enthielten Deuterium in zwei nicht austauschbaren Positionen [369].

Bei T4-Bakteriophagen, auf deren bakteriellen Wirt schweres Wasser mutagen wirkt, ist zwar nicht die Häufigkeit der Vorwärtsmutationen, jedoch die Reversionsrate eines Teiles der rII-Mutanten zum rII^+-Wildtyp durch schweren Wasser deutlich (maximal um das 18-fache) erhöht [370].

Schweres Wasser wirkt nicht auf alle Genloci in gleicher Weise mutagen. Die mutagene Wirkung scheint auch nicht durch eine partielle Deuterierung der Stickstoffbasen des DNS-Moleküls hervorgerufen zu werden. So führt die Deuterierung der Methylgruppe des Thymins bei Thymin-Mangelmutanten nicht zu mutativen Veränderungen der Bakterien [294].

Henderson [371] diskutiert die Möglichkeit, daß die mutagene Wirkung des schweren Wassers auf einer Verschiebung des Keto-Enol-Gleichgewichts der Purin- und Pyrimidinbasen beruht. Beim Guanin konnten solche Verschiebungen zugunsten der Ketoform im schweren Wasser nachgewiesen werden.

Die Ergebnisse neuerer Untersuchungen lassen erkennen, daß schweres Wasser offenbar die genetischen Kontrollmechanismen beeinflußt [331]. Auf Grund seiner stabilisierenden Wirkung auf Makromoleküle (vgl. Abschnitt 4.) könnte schweres Wasser allosterische Proteine, die als Repressoren wirksam sind, in der Weise fixieren, daß die Ablesung der genetischen Information erschwert oder unmöglich wird. Da auch die Histonsynthese im schweren Wasser gehemmt ist [331], treten somit beträchtliche Veränderungen im Ablauf biologischer Regulationsmechanismen auf.

Die Frage, in welchem Maße es gestattet ist, aus den unter Anwendung des schweren Wassers erzielten Ergebnissen auf die Rolle des Wassers bei biologischen Prozessen zu schließen, kann derzeit noch nicht eindeutig beantwortet werden. Daß man auch über die Bedeutung des Wassers für biologische Prozesse unterschiedlicher Meinung sein kann, unterstreicht folgende Notiz aus der Zeitschrift „Bild der Wissenschaft“*):

„Ob sich Lebensvorgänge außer in dem auf der Erde allgegenwärtigen Wasser auch in anderen Flüssigkeiten abspielen können, ist eine Frage, die um so mehr interessiert, als sich die bemannte Raumfahrt ihren ersten Zielen nähert. Schon vor zwei Jahren untersuchte ein Kreis amerikanischer Experten der Exobiologie alle erreichbaren chemischen Eigenschaften und physikalischen Daten des Wassers auf ihre biologische Unentbehrlichkeit. Die Wissenschaftler kamen zu der Vermutung, daß es sich bei der in allen Biologiebüchern hervorgehobenen Sonderstellung des Wassers um ein Vorurteil handeln könnte. Eine mögliche Bestätigung dieser Vermutung lieferten kürzlich Versuche der Biochemiker S. M. Siegel von der Universität Hawaii und Karen Roberts von der Duke-Universität.

In den biochemischen Instituten beider Universitäten ließ man zwei wichtige Enzyme, eine Peroxidase und eine Katalase, die beide an Sauerstoffumsetzungen beteiligt sind, in verschiedenen, wasserfreien Flüssigkeiten auf geeignete Extrakte aus biologischem Material einwirken. Obwohl sich unter den Flüssigkeiten ätzende und hochgiftige Substanzen befanden, versah die Peroxidase in fast allen Medien uneingeschränkt ihren Dienst. Unter den Flüssigkeiten befanden sich Ameisensäure, Essigsäure, Äthylalkohol, Glyzerin, Benzol und Nitromethan. Die Katalase war wählerischer. Sie wurde nur in Alkohol aktiv.

Da die Enzyme während der biologischen Evolution auf der wasserreichen Erde entstanden sind und trotzdem in nichtwäßrigen Medien ihre Aktivität entfalten, kann man annehmen, daß sich auf wasserarmen Planeten, auf denen eine andere Flüssigkeit vorherrscht, Leben entwickeln kann, das nicht auf Wasser basiert“.

*) Bild der Wissenschaft 6, 170 (1969), Leben ohne Wasser.

9. Literatur

[1] WICKE, E., Angew. Chemie **78**, 1 (1966).
[2] LUCK, W., Fortschr. chem. Forsch. **4**, 653 (1964).
[3] SAMOILOV, O. J., „*Die Struktur wäßriger Elektrolytlösungen*", Verl. B. G. Teubner, Leipzig 1961.
[4] BERENDSEN, H. J. C., Theor. Exp. Biophys. **1**, 1 (1967).
[5] KAVANAU, J. L., „*Water and solute-water interactions*", Holden-Day, San Francisco 1964.
[6] „*The Water Molecule in Biological Systems*", Ann. N. Y. Acad. Sci. **125** (1966).
[7] Symposion on Cryobiology, Fed. Proc. **24** (1965).
[8] KAJUSCHIN, L. P., „*Der Zustand und die Rolle des Wassers in biologischen Objekten*" (russ.), Verlag „Nauka", Moskau, 1967.
[9] VUKS, M. F., u. a., „*Die Struktur und die Rolle des Wassers im lebenden Organismus*" (russ.), Verlag der Leningrader Univ., 1966.
[10] LUCK, W., Naturwissenschaften **52**, 25 (1965).
[11] LUCK, W. A. P., Naturwissenschaften **54**, 601 (1967).
[12] BRILL, R., Angew. Chemie **74**, 895 (1962).
[13] BRDIČKA, R., „*Grundlagen der physikalischen Chemie*", VEB Deutsch. Verl. d. Wiss. Berlin 1965.
[14] NÉMETHY, G., u. a., J. Chem. Phys. **41**, 680 (1964).
[15] DROST-HANSEN, W., Ann. N. Y. Acad. Sci. **125**, 471 (1965).
[16] DROST-HANSEN, W., „*Anomalies in the properties of water*" 1st Intern. Symp. on Water Desalination, Washington 1965.
[17] FALK, M., u. a., Science **154**, 1013 (1966).
[18] HAMANN, S. D., Nature **215**, 1263 (1967).
[19] BOWEN, L. O., Phys. Letters **26 A**, 150 (1968).
[20] SAFFORD, G. L., Cryobiol. **3**, 32 (1966).
[21] FALK, M., Can. J. Chem. **44**, 1699 (1966).
[22] LUCK, W. A. P., u. a., J. Mol. Struct. **1**, 339 (1968).
[23] HINDMAN, J. C., Develop. Appl. Spectr. **6**, 251 (1968).

[24] MULLER, N., J. Chem. Phys. **43**, 2555 (1965).
[25] RÜTERJANS, H. H., u. a., J. Chem. Phys. **45**, 3296 (1966).
[26] LÖSCHE, A., „*Kerninduktion*“, VEB Deutsch. Verl. d. Wiss., Berlin 1957.
[27] SIMPSON, J. M., Phys. Rev. **111**, 1201 (1958).
[28] MEIBOOM, S., J. Chem. Phys. **34**, 375 (1961).
[29] EUCKEN, A., Z. Elektrochem. **52**, 255 (1948).
[30] PAULING, L., in „*Hydrogen Bonding*“, Pergamon Press, New York 1959, S. 1.
[31] DANFORD, M. D., u. a., J. Am. Chem. Soc. **84**, 3965 (1962).
[32] NÉMETHY, G., u. a., J. Chem. Phys, **36**, 3382 (1962).
[33] MARCHI, R. P., u. a., J. Phys. Chem. **68**, 221 (1964).
[34] DAVIS, C. M., u. a., J. Chem. Phys. **42**, 2563 (1965).
[35] FRANK, H. S., F.d. Proc. **24**, **1** (1965).
[36] ORENTLICHER, M., u. a., J. Chem. Phys. **45**, 4719 (1966).
[37] BERNAL, J. D., u. a., J. Chem. Phys. **1**, 515 (1933).
[38] LENNARD-JONES, J., u. a., Proc. Roy. Soc. London **205A**, 155 (1951).
[39] POPLE, J. A., Proc. Roy. Soc. London **205A**, 163 (1951).
[40] MORGAN, J., u. a., J. Chem. Phys. **6**, 666 (1938).
[41] NÉMETHY, G., Fed. Proc. **24**, 38 (1965).
[42] JHON, M. S., u. a., J. Chem. Phys. **44**, 1465 (1966).
[43] NARTEN, A. H., u. a., Disc. Farad. Soc. **43**, 97 (1967).
[44] FRANK, H. S., u. a., J. Chem. Phys. **34**, 604 (1961).
[45] HASTED, J. B., J. Chem. Phys. **20**, 1452 (1952).
[46] VAND, V., u. a., J. Chem. Phys. **43**, 1869 (1965).
[47] GRIFFITH, J. H., u. a., Abstr. 150th Meeting Am. Chem. Soc., S. 18 (1965).
[48] NÉMETHY, G., Angew. Chemie **79**, 260 (1967).
[49] TRINTSCHER, K. S., Usp. Sovrem. Biol. **61**, 338 (1966).
[50] LUCK, W. A. P., Disc. Farad. Soc. **43**, 115 (1967).
[51] NÉMETHY, G., u. a., J. Chem. Phys. **36**, 3401 (1962).
[52] SCHNEIDER, H., u. a., J. Phys. Chem. **69**, 1310 (1965).
[53] FRIEDMAN, M. E., u. a., J. Phys. Chem. **69**, 3795 (1965).
[54] SINANOGLU, O., u. a., Fed. Proc. **24**, 12 (1965).
[55] DAVIS, C. M., u. a., J. Chem. Phys. **45**, 2461 (1966).
[56] FRANCK, E. U., u. a., Disc. Farad. Soc. **43**, 108 (1967).
[57] THOMAS, M. R., u. a., J. Phys. Chem. **69**, 3722 (1965).
[58] HARTMAN, K. A., J. Phys. Chem. **70**, 270 (1966).
[59] WORLEY, J. D., u. a., J. Chem. Phys. **45**, 2868 (1966).
[60] WALRAFEN, G. E., J. Chem. Phys. **48**, 244 (1968).
[61] CLIFFORD, J., u. a., Trans. Farad. Soc. **60**, 1483 (1964).

[62] DERJAGIN, B. Ju., Priroda Nr. 4, 16 (1968);
LIPPINCOTT, E. R., u. a., Science **164**, 1482 (1969);
MINTON, A. F., Nature **226**, 151 (1970);
LUCK, W., Naturwissenschaften **57**, 126 (1970).
[63] SCATCHARD, G., Fed. Proc. **25**, 954 (1966).
[64] GLASEL, J. A., Develop. Appl. Spectr. **6**, 241 (1968).
[65] EUCKEN, A., Z. Elektrochem. **55**, 343 (1951).
[66] HERTZ, H. G., Ber. Bunsenges. Phys. Chem. **68**, 907 (1964).
[67] BERENDSEN, H. J. C., u. a., Ann. N. Y. Acad. Sci. **125**, 365 (1965).
[68] RAMACHANDRAN, G. N., u. a., Biopolymers **6**, 1649 (1968).
[69] SCHERAGA, H. A., Ber. Bunsenges. Phys. Chem. **68**, 838 (1964).
[70] KAUZMANN, W., Adv. Prot. Chem. **14**, 1 (1959).
[71] SCHERAGA, H. A., Ann. N. Y. Acad. Sci. **125**, 253 (1965).
[72] KLOTZ, I. M., Fed. Proc. **24**, 24 (1965).
[73] RICHARDS, F. M., Ann. Rev. Biochem. **32**, 282 (1963).
[74] TUNIS, M. B., u. a., Biopolymers **6**, 1325 (1968).
[75] KIT, S., Ann. Rev. Biochem. **32**, 43 (1962).
[76] JOSSE, J., u. a., Ann. Rev. Biochem. **35**, 789 (1966).
[77] FELSENFELD, G., u. a., Ann. Rev. Biochem. **36**, 407 (1967).
[78] FALK, M., u. a., J. Am. Chem. Soc. **84**, 3843 (1962), ibid. **85**, 387 (1963).
[79] HERSKOVITZ, T. T., Arch. Biochem. Biophys. **94**, 99 (1961).
[80] DE VOE, H., u. a., J. Mol. Biol. **4**, 500 (1962).
[81] HAMAGUCHI, K., u. a., J. Am. Chem. Soc. **84**, 1329 (1962).
[82] SOLIE, T. N., J. Mol. Biol. **33**, 61 (1968).
[83] MAHLER, H. R., u. a., Biochim. Biophys. Acta **68**, 199 (1963).
[84] von HIPPEL, P., u. a., Science **145**, 577 (1964).
[85] GORDON, D. E., u. a., J. Mol. Biol. **13**, 571 (1965).
[86] ROBINSON, D. R., u. a., J. Biol. Chem. **241**, 4030 (1966).
[87] LEWIN, S., J. Theor. Biol. **17**, 181 (1967).
[88] BELLO, J., Cryobiol. **3**, 27 (1966).
[89] KYOGOKU, Y., u. a., Science **154**, 518 (1966).
[90] KÜCHLER, E., u. a., Z. Naturforsch. **21B**, 209 (1966).
[91] CONSTANTINO, L., u. a., Biochim. Biophys. Acta **134**, 204 (1967).
[92] BRAHMS, J., Nature **202**, 797 (1964).
[93] BRAHMS, J., u. a., Nature **212**, 1309 (1966).
[94] WANG, J. H., J. Am. Chem. Soc. **77**, 258 (1955).
[95] EL-SABEH, S. M., Can. J. Phys. **43**, 1312 (1965).
[96] FALK, M., Can. J. Chem. **43**, 314 (1965).

[97] Falk, M., Can. J. Chem. **44**, 1107 (1966).
[98] Jacobson, B., u. a., Nature **173**, 772 (1954).
[99] Balazc, E. A., u. a., J. Mol. Biol. **1**, 147 (1959).
[100] Naberuchin, J. J., u. a., Biofizika **10**, 408 (1965).
[101] Depireux, K. G., u. a., Nature **195**, 699 (1962).
[102] Lubas, B., u. a., Biochim. Biophys. Acta **120**, 427 (1966).
[103] Sprinz, H., u. a., Biopolymers, **7**, 447, (1969).
[104] Eisinger, J., u. a., J. Chem. Phys. **36**, 1721 (1962).
[105] Privalov, P. L., u. a., Biofizika **12**, 22 (1967).
[106] Tanford, C., J. Am. Chem. Soc. **86**, 2050 (1964).
[107] Kendrew, J. C., Ber. Bunsenges. Phys. Chem. **68**, 721 (1964).
[107a] Schnell, J., Arch. Biochem. Biophys. **127**, 496 (1968).
[108] Scheraga, H. A., u. a., J. Biol. Chem. **237**, 1506 (1962).
[109] Klotz, I. M., J. Am. Chem. Soc. **82**, 5169 (1962).
[110] Abu-Hamidiyyah, M., J. Phys. Chem. **69**, 2720 (1965).
[111] Jencks, W. P., Fed. Proc. **24**, 50 (1965).
[112] Setlow, R. B., u. a., „*Molecular Biophysics*", Addison-Wesley, Reading, Ma. 1962.
[113] Fisher, H. F., Biochim. Biophys. Acta **109**, 544 (1965).
[114] Schwan, H. P., Ann. N. Y. Acad. Sci. **125**, 344 (1965).
[115] Grant, E. H., Ann. N. Y. Acad. Sci. **125**, 418 (1965).
[116] Daszkiewicz, O. K., u. a., Nature **200**, 1006 (1963).
[117] Glasel, J. A., Nature **218**, 953 (1968).
[118] Blears, D. J., u. a., Biopolymers **3**, 585 (1965).
[119] Krüger, G. J., u. a., Colloque Ampère XIV, North-Holland Publ. Co. 1136 (1967).
[120] Abezedarskaja, L. A., u. a., Molekul. Biol. **1**, 451 (1967).
[121] Fuller, M. E., J. Biol. Chem. **243**, 274 (1968).
[122] Miles, H. T., Biochim. Biophys. Acta **43**, 353 (1960).
[123] McDonald, C. C., u. a., „*Magnetic Resonance in Biological Systems*", Pergamon Press, S. 3, Oxford 1967.
[124] Kreshek, G. C., u. a., J. Phys. Chem. **69**, 3132 (1965).
[125] Mukerjee, P., u. a., J. Phys. Chem. **70**, 783 (1966).
[126] Calvin, M., u. a., J. Am. Chem. Soc. **81**, 5048 (1959).
[127] Karasz, F. E., u. a., studia biophys. **4**, 69 (1967).
[128] Appel, P., u. a., Biochemistry **4**, 1244 (1965).
[129] Hermans, J., u. a., Biochim. Biophys. Acta **36**, 534 (1959).
[130] Berns, D. S., J. Am. Chem. Soc. **85**, 1676 (1963).
[131] Berns, D. S., Biochemistry **2**, 1377 (1963).
[132] Harrington, W. F., u. a., Arch. Biochem. Biophys. **92**, 100 (1961).

[133] Appel, P., u. a., studia biophys. **4**, 77 (1967).
[134] Timasheff, S. N., Ann. Rev. Biochem. **36**, 13 (1967).
[135] Fritzsche, H., Biochim. Biophys. Acta **119**, 645 (1966).
[136] Kirshenbaum, I., „*Physical Properties and Analysis of Heavy Water*", McGraw Hill, N. Y. 1951.
[137] Crespi, H. L., u. a., J. Mol. Biol. **4**, 65 (1962).
[138] Grechko, V., u. a., Abh. Dtsch. Akad. Wiss. Berlin, Kl. Med., S. 295 (1964).
[139] Maslova, R. N., u. a., Biochim. Biophys. Acta **87**, 314 (1964).
[140] Evdokimov, J. M., u. a., Biofizika **11**, 7 (1966).
[141] Lewin, S., Biochem. J. **99**, 1P (1966).
[142] Lewin, S., Arch. Biochem. Biophys. **115**, 62 (1966).
[143] Lewin, S., studia biophys. **4**, 29 (1967).
[144] Evdokimov, J. M., u. a., studia biophys. **4**, 45 (1967).
[145] Vasilescu, D., u. a., Biochim. Biophys. Acta **129**, 417 (1966).
[146] Falk, M., J. Am. Chem. Soc. **86**, 1226 (1964).
[147] Hechter, O., Ann. N. Y. Acad. Sci. **125**, 625 (1965).
[148] Fernández-Morán, H., Rev. Modern Phys. **31**, 319 (1959).
[149] Hechter, O., Fed. Proc. **24**, 91 (1965).
[150] Warner, D. T., Ann. N. Y. Acad. Sci. **125**, 605 (1965).
[151] Ling, G. N., Ann. N. Y. Acad. Sci. **125**, 401 (1965).
[152] Ling, G. N., Fed. Proc. **24**, 103 (1965).
[153] Ling, G. N., Naturwiss. Rundschau **20**, 415 (1967).
[154] Trintscher, K. S., „*Biologie und Information*", Verlag B. G. Teubner, Leipzig, 1967.
[155] Stoeckenius, W., Ber. Bunsenges. Phys. Chem. **71**, 758 (1967).
[156] Bernal, J. D., Symp. Soc. Exp. Biol. **19**, 17 (1965).
[157] Cerbón, J., Biochim. Biophys. Acta **88**, 444 (1964).
[158] Koga, S., u. a., Appl. Microbiol. **14**, 466 (1966).
[159] Sussman, M. V., Science **151**, 324 (1966).
[160] Robertson, J. D., Symp. Biochem. Soc. **16**, 3 (1959).
[161] Korn, E. D., Science **153**, 1491 (1966).
[162] Danielli, J. F., J. Cell. Comp. Physiol. **71**, 393 (1936).
[163] Briggs, G. E., u. a., „*Electrolytes in Plant Cells*", Blackwell Scientific Publ., Oxford 1961.
[164] Danielli, J., u. a., „*Permeability of Natural Membranes*", Cambr. Univ. Press 1952.
[165] Fernández-Morán, H., Circulation **26**, 1039 (1962).
[166] Paganelli, C. V., u. a., J. Gen. Physiol. **41**, 259 (1957).

[167] HUBER, B., u. a., Ber. Dtsch. Bot. Ges. **51**, 53 (1930).
[168] HUBER, B., u. a., Jahrb. wiss. Bot. **73**, 351 (1930).
[169] STADELMANN, E., Protoplasma **48**, 220 (1964).
[170] KAMIYA, N., u. a., Protoplasma **46**, 394 (1956).
[171] TAZAWA, M., u. a., Austr. J. Biol. Sci. **19**, 399 (1966).
[172] KOEFOED-JOHNSEN, V., u. a., Acta physiol. scand. **28**, 60 (1953).
[173] DAINTY, J., Adv. bot. Res. **1**, 279 (1963).
[174] HÜBNER, G., Flora **148**, 549 (1960).
[175] WARTIOVAARA, V., Acta bot. Fenn. **34**, 1 (1944).
[176] KOHN, P. G., u. a., J. exp. Bot. **17**, 809 (1966).
[177] THIMANN, K. V., u. a., Proc. Natl. Acad. Sci. USA **41**, 1029 (1955).
[178] BADANOVA, K. A., u. a., Dokl. Akad. Nauk SSSR, **176**, 467 (1967).
[179] STADELMANN, E., Protoplasma **57**, 660 (1963).
[180] HÜBNER, G., Protoplasma **60**, 401 (1965).
[181] HOWARD, J. M., Surgery **36**, 1119 (1954).
[182] VARTAPETJAN, B. B., u. a., Fiziol. Rast. **8**, 569 (1961).
[183] SAMUILOV, F. D., u. a., Fiziol. Rast. **9**, 438 (1962).
[184] ORDIN, L., u. a., Plant Physiol. **36**, 331 (1961).
[185] HÜBNER, G., u. a., Ber. Dtsch. Bot. Ges. **74**, 255 (1961).
[186] WANG, J. H., u. a., J. Am. Chem. Soc. **75**, 466 (1953).
[187] ANBAR, M., u. a., Nature **181**, 344 (1958).
[188] BROOKS, S. C., J. Cell. Comp. Physiol. **7**, 163 (1935).
[189] VILLEGAS, R., u. a., J. Gen. Physiol. **42**, 355 (1958).
[190] SIDEL, V. W., u. a., J. Gen. Physiol. **41**, 243 (1957).
[191] BENNET-CLARK, T. A., in F. C. Steward, „*Plant Physiology*", Vol. 2, Acad. Press, N. Y. 1959.
[192] DURBIN, R. P., J. Gen. Physiol. **44**, 315 (1960).
[193] RENKIN, E. M., J. Gen. Physiol. **38**, 225 (1954).
[194] PASSOW, H., Klin. Wchschr. **41**, 130 (1963).
[195] FALK, H., u. a., Protoplasma **57**, 290 (1963).
[196] SOLOMON, A. K., Symposium ČSAV, Praha 1961, Membrane Transport and Metabolism; S. 94.
[197] LONGUET-HIGGINS, H. C., u. a., Biophys. J. **6**, 217 (1966).
[198] SOLOMON, A. K., J. Gen. Physiol. **51**, 335 s (1968).
[199] KEDEM, O., u. a., Biochim. Biophys. Acta **27**, 229 (1958).
[200] KEDEM, O., u. a., J. Gen. Physiol. **45**, 143 (1961).
[201] de GROOT, S. R., „*Thermodynamics of Irreversible Processes*", North Holland Publ. Comp., Amsterdam 1959.

[202] KATCHALSKY, A., Symposium ČSAV, Praha 1961, Membrane Transport and Metabolism, S. 69.
[203] ONSAGER, L., Phys. Rev. **37**, 405 (1931).
[204] ONSAGER, L., Phys. Rev. **38**, 2265 (1931).
[205] STAVERMAN, A. J., Trans. Faraday Soc. **48**, 176 (1952).
[206] PRESCOTT, D. M., Acta Physiol. Scand. **28**, 77 (1953).
[207] GOLDSTEIN, D. A., u. a., J. Gen. Physiol. **44**, 11 (1960).
[208] GINZBURG, B. Z., u. a., J. Gen. Physiol. **47**, 403 (1963).
[209] STEIN, W. D., „*The Movement of Molecules across Cell Membranes*", Acad. Press, N. Y. 1967.
[210] SOLOMON, A. K., Sci. Am. **203**, 146 (1960).
[211] DURBIN, R. P., u. a., J. Gen. Physiol. **39**, 535 (1956).
[212] PAPPENHEIMER, J. R., u. a., Am. J. Physiol. **167**, 13 (1951).
[213] HÜBNER, G., Habilitationsschrift, Math. nat. Fakultät, Halle 1965.
[214] BONHOEFFER, K. F., Z. Elektrochemie **44**, 87 (1938).
[215] FRITZSCHE, H., studia biophys. **4**, 53 (1967).
[216] KRUMBIEGEL, P., „*Isotopieeffekte*", WTB, Akademie-Verlag, Berlin 1970.
[217] CZIKE, K., u. a., Acta geol. Acad. Sci. hung. **4**, 131 (1956).
[218] ZBOROWSKI, G., u. a., Proc. Natl. Acad. Sci. USA, **58**, 1660 (1967).
[219] van NORMAN, R. W., u. a., Plant Physiol. **27**, 691 (1952).
[220] DOLE, M., Natl. Acad. Sci., Natl. Res. Council, Publ. No. **400**, 13 (1956).
[221] WELLMANN, R. P., u. a., Science **161**, 269 (1968).
[222] GAEBLER, O. H., u. a., Can. J. Biochem. **44**, 1249 (1966).
[223] THOMSON, J. F., „*Biological Effects of Deuterium*", Perg. Press, Oxford 1963.
[224] THORN, M. B., Biochem. J. **49**, 602 (1951).
[225] STRITTMATTER, P., J. Biol. Chem. **239**, 3043 (1964).
[226] AEBI, H., Pure Appl. Chem. **8**, 459 (1964).
[227] HAUGE, J. G., u. a., Biochim. Biophys. Acta **159**, 398 (1968).
[228] BRIGHT, H. J., J. Biol. Chem. **242**, 994 (1967).
[229] GARBY, L., u. a., Acta Physiol. Scand. **34**, 162 (1955).
[230] MÜLLER-MOHNSSEN, H., u. a., Pflügers Arch. **305**, 65 (1969).
[231] LINDLEY, B. D., u. a., J. Gen. Physiol. **47**, 773 (1964).
[232] KAMINER, B., Nature **185**, 172 (1960).
[233] SVENSMARK, O., Acta Physiol. scand. **53**, 75 (1961).
[234] GLASOE, P. K., u. a., J. Phys. Chem. **64**, 188 (1960).
[235] THOMSON, J. F., Arch. Biochem. Biophys. **90**, 1 (1960).
[236] THOMSON, J. F., u. a., Arch. Biochem. Biophys. **117**, 65 (1966).

[237] Flashner, M., u. a., Biochim. Biophys. Acta **146**, 596 (1967).
[238] Mason, R., u. a., Biochim. Biophys. Acta **51**, 377 (1961).
[239] Thomson, J. F., u. a., U. S. Atomic Energy Comm., Bioorg. Chem., Quart. Rep. ANL-6368, 136 (1961).
[240] Vennesland, B., Disc. Faraday Soc. **20**, 240 (1955).
[241] Tyler, D. D. u. a., J. Biol. Chem. **241**, 1672 (1966).
[242] Muraoka, S., u. a., Biochim. Biophys. Acta **162**, 170 (1968).
[243] Margolis, S. A., u. a., Biochem. Biophys. Res. Comm. **25**, 133 (1966).
[244] Kritchevsky, D., u. a., Experimentia **22**, 84 (1966).
[245] Holland, J., u. a., Biochim. Biophys. Acta **157**, 663 (1968).
[246] Morowitz, H. J., u. a., Natl. Bureau of Stand. Rep. Nr. 2179 (1959).
[247] Itoh, M., Bull. Chem. Soc. Jap. **10**, 260 (1935).
[248] Harvey, E. N., u. a., J. Cell. Comp. Physiol. **4**, 357 (1934).
[249] Jung, K., Dissertation, Univ. Halle (1966).
[250] De Giovanni, R., Ann. N. Y. Acad. Sci. **84**, 644 (1960).
[251] De Giovanni, R., u. a., Rec. Genet. Soc. Am. **28**, 65 (1959).
[252] Borek, E., u. a., Proc. Nat. Acad. Sci. U. S. **46**, 777 (1960).
[253] Katz, J. J., u. a., Proc. Soc. U. N. Conference of the peaceful uses of atomic energy **25**, 173 (1958).
[254] Crespi, H. L., u. a., Nature **184**, 729 (1959).
[255] Crespi, H. L., u. a., Ann. N. Y. Acad. Sci. **84**, 648 (1960).
[256] Jung, K., u. a., Naturwiss. **53**, 114 (1963).
[257] Richards, D. W., Am. J. Bot. **20**, 679 (1933).
[258] Meyer, H., Science **79**, 210 (1934).
[259] Larson, E. J., u. a., Nature **133**, 873 (1934).
[260] Pacsu, F., J. Am. Chem. Soc. **56**, 245 (1934).
[261] Shaffer, R. L., u. a., Bot. Gaz. **119**, 24 (1957).
[262] Preobrashenskaja, T. A., u. a., Biofizika **7**, 542 (1962).
[263] Jung, K., u. a., Naturwiss. **50**, 690 (1963).
[264] Missbach, D., u. a., Abh. Dtsch. Akad. Wiss., Kl. Chem Geol. Biol. **7**, 541 (1966).
[265] O'Brien, R. T., Proc. Soc. Exptl. Biol. Med. **117**, 555 (1964).
[266] Mohan, V. S., u. a., Nature **193**, 189 (1962).
[267] Katz, J. J., u. a., Science **151**, 1187 (1966).
[268] Mrtek, B. G., u. a., J. Pharm. Sci. **54**, 1450 (1965).
[269] Henderson, T. R., u. a., Arch. Biochem. Biophys. **115**, 187 (1966).
[270] Weinberger, D., u. a., Arch. Biochem. Biophys. **50**, 160 (1954).

[271] BENETT, E. L., u. a., Sec. U. N. Internat. Conf. of the peaceful uses of atomic energy **25**, 199 (1958).
[272] FLAUMENHAFT, E., u. a., Ann. N. Y. Acad. Sci. **84**, 634 (1960).
[273] ROGINSKI, S. S., u. a., Dokl. Akad. Nauk SSSR **137**, 706 (1961).
[274] BLAKE, M. I., u. a., J. Pharm. Sci. **50**, 425 (1961).
[275] WILLIAMS, A. J., u. a., Can. J. Microbiol. **12**, 1167 (1966).
[276] CRESPI, H. L., u. a., J. Am. chem. Soc. **84**, 3489 (1962).
[277] FLAUMENHAFT, E., u. a., Intern. Rev. Cyt. **18**, 313 (1965).
[278] UPHAUS, R. A., u. a., Biochim. Biophys. Acta **141**, 625 (1967).
[279] TAYLOR, H. S., u. a., J. Cell. Comp. Physiol. **4**, 1 (1933).
[280] TAYLOR, H. S., u. a., J. Chem. Phys. **1**, 751 (1933).
[281] HARVEY, E. N., Biol. Bull. **66**, 91 (1934).
[282] DELMATER, A. J., Biol. Bull. **71**, 199 (1936).
[283] KITCHING, J. A., u. a., J. Exptl. Biol. **37**, 73 (1960).
[284] MARSLAND, D., in „*Primitive mobile systems in cell biology*", Acad. Press, N. Y. 1964.
[285] MANDEVILLE, S. E., u. a., Science **146**, 769 (1964).
[286] MANSON, L. A., u. a., Ann. N. Y. Acad. Sci. **84**, 685 (1960).
[287] CARP, R. I., u. a., Proc. Soc. Exptl. Biol. Med. **113**, 569 (1963).
[288] CARP, R. I., u. a., Nature, **208**, 93 (1965).
[289] CARP, R. I., u. a., Experientia **23**, 786 (1967).
[290] ROTHSTEIN, E. L., u. a., Nature **184**, 1167 (1959).
[291] FLAUMENHAFT, E., u. a., Nature **213**, 501 (1967).
[292] LASER, H., Radiat. Res. **9**, 142 (1958).
[293] O'BRIEN, R. T., Hanford Res. Ann. Rep. for 1961, HW 7 2500, 113 (1962).
[294] De GIOVANNI, R., Z. Vererbungslehre **92**, 389 (1961).
[295] POLLARD, E., Nature **192**, 177 (1961).
[296] INGRAHAM, J. L., in: „*The Bacteria*", Vol. IV Acad. Press (1962).
[297] PRECHT, H. u. a., „*Temperatur und Leben*", Springer-Verlag (1955).
[298] KATZ, J. J., Amer. Scientist **48**, 544 (1960).
[299] LWOFF, A., u. a., Nature **192**, 477 (1961).
[300] LWOFF, A., u. a., Compt. Rend. **252**, 223 (1961).
[301] CARP, R. I., u. a., Virology **12**, 125 (1960).
[302] CARP, R. I., Virology **13**, 151 (1962).
[303] CARP, R. I., u. a., Virology **16**, 371 (1962).

[304] Mao, Ch.-Sh., u. a., Sci. Sinica XIV, 885 (1965).
[305] Jung, K., studia biophys. **4**, 125 (1967).
[306] Winkler, E., u. a., studia biophys. **13**, 73 (1969).
[307] Henderson, T. R., u. a., Nature **194**, 498 (1962).
[308] Alexandrov, V. Ya., u. a., Tsitologyja **6**, 667 (1964).
[309] Scheraga, H. A., Ann. N. Y. Acad. Sci. **84**, 608 (1960).
[310] von Hippel, P. H., u. a., Brookhaven Symp. in Biol. **13**, 213 (1960).
[311] Hattori, A., u. a., Biochemistry **4**, 1213 (1965).
[312] Crumley, H. A., u. a., J. Tenn. Acad. Sci. **25**, 171 (1950).
[313] Blake, M. I., u. a., Planta **78**, 35 (1968).
[314] Siegel, S. M., u. a., Nature **201**, 1244 (1964).
[315] Pratt, R., u. a., Amer. J. Bot. **24**, 412 (1937).
[316] Wersuhn, G., u. a., Flora **154**, 393 (1964).
[317] Stein, O. L., u. a., Planta **60**, **349** (1963).
[318] Blake, M. I., u. a., J. Pharm. Sci. **53**, 79 (1964).
[319] Crane, F. A., u. a., J. Pharm. Sci. **53**, 612 (1964).
[320] Blake, M. I., u. a., Lloydia. **27**, 254 (1964).
[321] Uphaus, R. A., u. a., J. Pharm. Sci. **54**, 202 (1965).
[322] Crane, F. A., u. a., Lloydia **30**, 111 (1967).
[323] Bhatia, C. R., u. a., Planta **80**, 176 (1968).
[324] Hübner, G., studia biophys. **4**, 155 (1967).
[325] Cope, B. T., u. a., Bot. Gaz. **126**, 214 (1968).
[326] Bünning, E., u. a., Naturw. **50**, 622 (1963).
[327] Hübner, G., Flora **A 156**, 245 (1965).
[328] Galonska, H., u. a., Flora **154**, 388 (1964).
[329] Dahlhelm, H., Planta (1969) **86**, 224 (1969).
[330] Henderson, T. R., u. a., Arch. Biochem. Biophys. **120**, 316 (1967).
[331] Henderson, T. R., u. a., studia biophys. **4**, 109 (1967).
[332] Alexandrov, V. Ya., u. a., Nature **205**, 286 (1965).
[333] Katz, J. J., u. a., Amer. J. Physiol. **203**, 907 (1962).
[334] Vershbinskaya, N. A., u. a., Biofizika **11**, 101 (1966).
[335] Hansen, K., u. a., Klin. Wochenschr. **14**, 106 (1935).
[336] Kühle, E., Diss. Med. Fak., Univ. Leipzig 1967.
[337] Suter, R. B., u. a., Science **160**, 1011 (1968).
[338] Katz, J. J., u. a., J. Natl. Cancer Inst. **17**, 641 (1957).
[339] Thomson, J. F., u. a., Biochem. Pharmacol. **3**, 283 (1960).
[340] Rabinowitz, J. L., u. a., Ann. N. Y. Acad. Sci. **84**, 727 (1960).
[341] Bray, D. A., u. a., Proc. Soc. Exp. Biol. Med. **111**, 380 (1962).

[342] Dicken, C., u. a., Proc. Exp. Biol. Med. **110**, 208 (1962).
[343] Czajka, D. M., u. a., Amer. J. Physiol. **201**, 357 (1961).
[344] Czajka, D. M., u. a., Ann. N. Y. Acad. Sci. **84**, 770 (1960).
[345] Hughes, A. M., u. a., Proc. Nat. Acad. Sci. USA **45**, 581 (1959).
[346] Oakberg, E. F., u. a., Exp. Cell Res. **50**, 306 (1968).
[347] Thomson, J. F., u. a., Proc. Soc. Exp. Biol. Med. **97**, 758 (1958).
[348] Häggqvist, G., u. a., Acta morph. neerl.-scand. **1**, 1 (1956).
[349] Bachner, P., u. a., Proc. Nat. Acad. Sci. USA **51**, 464 (1964).
[350] Matty, A. J., u. a., Biochim. Biophys. Acta **163**, 14 (1968).
[351] Finkel, A. J., u. a., Ann. N. Y. Acad. Sci. **84**, 755 (1960).
[352] Hughes, A. M., u. a., Biochim. Biophys. Acta **28**, 58 (1958).
[353] Finkel, A. J., u. a., Canc. Chemother. Rep. **50**, 641 (1966).
[354] Ludewig, R., u. a., studia biophys. **4**, 163 (1967).
[355] Cagianut, B., Experientia **5**, 48 (1949).
[356] Petrakis, N. L., u. a., Nature **200**, 592 (1963).
[357] Henderson, T. R., u. a., Arch. Biochem. Biophys. **122**, 599 (1967).
[358] Siegel, B. V., u. a., Exp. Cell Research **19**, 187 (1960).
[359] Rothblat, G. H., u. a., Pure and Appl. Chem. **8**, 507 (1964).
[360] Hübner, G., unveröffentlicht.
[361] Zamenhof, S., u. a., Am. Naturalist **72**, 380 (1943).
[362] Zamenhof, S., u. a., Genetics **28**, 96 (1943).
[363] Hughes, A. M., U. S. Atomic Energy Comm., Bioorg. Chem. Quart. Rep. UCRL 8575, 32 (1958).
[364] Hughes, A. M., U. S. Atomic Energy Comm., Bioorg. Chem. Quart. Rep. UCRL 9408, 5 (1960).
[365] Hughes, A. M., U. S. Atomic Energy Comm., Bioorg. Chem. Quart. Rep. UCRL 9135, 49 (1960).
[366] De Giovanni, R., Ann. N. Y. Acad. Sci. **84**, 644 (1960).
[367] Jung, K., Zschr. Allg. Mikrobiol. **68**, 1 (1968).
[368] Pollard, E., u. a., Mut. Res. **2**, 213 (1965).
[369] De Giovanni, R., u. a., Biochem. J. **87**, 79 (1963).
[370] Konrad, M., Ann. N. Y. Acad. Sci. **84**, 678 (1960).
[371] Henderson, T. R., J. Arkansas Med. Soc. **59**, H. 10 (1963).

10. Quellenverzeichnis der Abbildungen

Abb. 1: N. Bjerrum, Dan. Mat. Fys. Medd. **27**, 3 (1951). Chem. and Ind., 364 (1952).
Abb. 2: O. J. Samoilov, „Die Struktur wäßriger Elektrolytlösungen und die Hydratation von Ionen", Verlag B. G. Teubner, Leipzig 1961.
Abb. 3: E. Wicke, Angew. Chemie **78**, 1 (1966).
Abb. 4: M. D. Danford u. a., J. Am. Chem. Soc. **84**, 3965 (1962).
Abb. 5: G. Némethy u. a., J. Chem. Phys. **36**, 3382 (1962).
Abb. 6: G. Némethy u. a., J. Chem. Phys. **41**, 680 (1964).
Abb. 7: E. Wicke, Angew. Chemie **78**, 1 (1966).
Abb. 8: E. Wicke, Angew. Chemie **78**, 1 (1966).
Abb. 9: J. F. Danielli u. a., Permeability of Natural Membranes, Cambridge 1952.
Abb. 10: O. Hechter, Ann. N. Y. Acad. Sci. **125**, 625 (1965).
Abb. 11: E. Stadelmann, Protoplasma **61**, 387 (1966).
Abb. 12: B. Huber u. a., Jahrb. wiss. Bot. **73**, 351 (1930).
Abb. 13: M. Tazawa u. a., Austr. J. Biol. Sci. **19**, 399 (1966).
Abb. 14 bis 18: G. Hübner, Protoplasma **60**, 401 (1965).
Abb. 19: K. Jung, Z. Allg. Mikrobiol. **68**, 1 (1968).
Abb. 20: K. Jung u. a., Naturwissenschaften **50**, 690 (1963).
Abb. 21: K. Jung, Diss. Univ. Halle, 1966.
Abb. 22: K. Jung, studia biophys. **4**, 125 (1967).
Abb. 23: G. Wersuhn u. a., Flora **154**, 393 (1964).
Abb. 24: G. Hübner, studia biophys. **4**, 155 (1967).
Abb. 25 und 26: H. Galonska u. a., Flora **154**, 388 (1964).

11. Sachregister

Die Verfasser

- beschreiben die Struktur des Wassers im Bereich biologischer Makromoleküle und in der Zelle
- stellen die Methoden zur Messung der Wasserpermeabilität biologischer Membranen auf osmotischem Wege und mit Hilfe isotop markierten Wassers einander gegenüber
- diskutieren den Aussagewert der verschiedenen experimentellen Verfahren
- stellen den Einfluß schweren Wassers auf lebende Organismen dar
- wenden sich an Biologen, Biochemiker, Biophysiker sowie an Mediziner

WISSENSCHAFTLICHE TASCHENBÜCHER

MIX
Papier | Fördert gute Waldnutzung
FSC® C083411

Zeitfracht Medien GmbH
Ferdinand-Jühlke-Straße 7
99095 Erfurt, Deutschland
produktsicherheit@kolibri360.de